Titanic y otros grandes naufragios

Titanic y otros grandes naufragios

Víctor San Juan

nowtilus

Colección: Historia Incógnita
www.historiaincognita.com

Título: *Titanic y otros grandes naufragios*
Autor: © Víctor San Juan

Doña Juana I de Castilla 44, 3º C, 28027 Madrid
www.nowtilus.com

Elaboración de textos: Santos Rodríguez
Revisión y adaptación literaria: Teresa Escarpenter

Responsable editorial: Isabel López-Ayllón Martínez
Maquetación: Patricia T. Sánchez Cid
Diseño y realización de cubierta: Reyes Muñoz de la Sierra
Imagen de portada: NOAA / Institute for Exploration/University of Rhode Island or NOAA/IFE/URI

ISBN edición impresa: 978-84-9967-635-7
ISBN impresión bajo demanda: 978-84-9967-636-4
ISBN edición digital: 978-84-9967-637-1
Fecha de edición: Septiembre 2014

Impreso en España
Imprime: Servicepoint
Depósito legal: M-21.731-2014

Para Angelia con cariño

Índice

Introducción

Catástrofes y siniestros navales ha habido y habrá siempre –por desgracia– que navegue un gran número de barcos y el hombre se atreva a aventurarse en la mar con ellos. De alguna forma, los siniestros navales son el lado oscuro del progreso de la humanidad a través del planeta mar, y, por lo tanto, parte de nuestra historia. Como tales, huyendo del morbo, los récords, y las desgraciadas historias personales, merecen la pena para una obra de divulgación que los estudie y ponga a disposición del gran público. Los siniestros navales, por decirlo así, son los pasos en falso a nivel colectivo que hemos protagonizado en navegación, pagando alto precio por ello; nuestra obligación es conocerlos a fondo, o estaremos condenados a repetirlos irrevocablemente.

Durante los últimos cien años (los que quedan más próximos y, por tanto, más conocidos) ha habido centenares de siniestros navales, en los que han muerto millones de personas. Tan sólo en los catorce escogidos para este trabajo resulta un número escalofriante de víctimas, cercano a las veinte mil doscientas. Sin embargo, no parece buen criterio esta cifra para elegir cada caso. Los cien años casi exactos que median entre el célebre naufragio del *Titanic* y la estrepitosa embarrancada del *Costa Concordia* abarcan prácticamente todo el siglo XX, que se inició con las obras armoniosas y fascinantes de grandes y veloces transatlánticos, prosigue hasta su mitad inmerso en los conflictos mundiales artificialmente prolongados con la Guerra Fría, mientras en el transporte de pasajeros y mercancías se iban imponiendo en número e importancia los buques ferri y los grandes petroleros. Guste o no, esta es la historia naval del pasado siglo, y los siniestros responden a este orden: los tres primeros nos introducen en las tragedias de buques de pasajeros de principios de siglo, los siguientes tratan de la guerra con su inmensa crudeza, y a partir del capítulo siete abordamos accidentes impensables de un velero superviviente de otra época, un moderno transatlántico y el primer gran incidente que afectó a un gran petrolero; a continuación, llegamos a la guerra de las Malvinas y los más escalofriantes siniestros de ferris. Los casos más recientes implican buques más modernos, el submarino atómico *Kursk* y el *fun-cruiser Costa Concordia.* El criterio de elección queda así definido por la celebridad de cada siniestro, que marcó profundamente su época, tanto en la prensa como en otros medios de comunicación.

De los catorce casos expuestos, espero que muy pocos le sean desconocidos al lector, al menos, por los nombres. El objeto de este trabajo es que, cuando acabe la lectura, le sean además familiares las circunstancias en que se produjeron, la intrínseca problemática de cada uno y la tragedia de unas víctimas que, sin poder elegir si deseaban verse envueltos en ellos, acabaron pagando un alto precio para que generaciones futuras tuvieran ocasión de aprender a través de errores ajenos.

Capítulo 1
¿Queda aún algo que decir?
Tragedia del *Titanic,* Atlántico Norte, abril de 1912

A VUELTAS CON UN NAUFRAGIO

El 14 de abril de 2012 se cumplieron cien años del naufragio más célebre de la historia, el del transatlántico, *steamer* ('vapor') o *liner* ('de línea regular') inglés *Titanic*, y, sin que se pueda evitar, surgen de inmediato dos preguntas: ¿qué puede decirse que no se haya dicho ya de este siniestro?, y la segunda: en realidad, ¿qué tenía el *Titanic* para llegar a ser tan famoso? En la pretensión de que, respondiendo a la segunda, empezaremos a encontrar un camino hacia la primera, emprendemos con ánimo este difícil artículo, el somero estudio del siniestro naval por excelencia, en el que a la necesaria brevedad y concisión tenemos que añadir la aportación condensada de cuantos datos fidedignos hayan ido apareciendo aparte de lo ya escrito, hecho in situ o investigado. Si no llegáramos, en cualquier caso, a satisfacer nuestro propósito, queden aquí, al menos, estas modestas líneas como conmemoración literaria de la efeméride, que no es mal homenaje para tan trascendente suceso.

Lo cierto es que el cine, la literatura, el mito, la curiosidad, internet, las hemerotecas y los clubs de adictos a cualquier cosa han terminado por convertir el *Titanic* en protagonista de una historia que

Magnífica vista del *Titanic*, de la clase *Olympic*, perteneciente a la White Star Line. El casco de alto bordo debía contener las veintinueve calderas de carbón, dos máquinas alternativas y una turbina de baja presión, pues estos barcos estaban pensados para economizar combustible. La cuarta chimenea era falsa, tan sólo un elemento más de la tramoya publicitaria (cuantas más chimeneas, mejor).

ya casi ni le pertenece, sin que muchos sepamos realmente por qué. ¿Tan esquizofrénica se encuentra nuestra civilización? Puesto que ni este transatlántico ni su peripecia final fueron singulares, peculiares o únicos, ni líderes de nada. La sencilla historia naval registra precedentes de choques contra icebergs en el mismo o parecido sitio que el *Titanic*, al sur de los bancos de Terranova, lugar conocido en la profesión como La Esquina, puesto que, desde allí, se gira para recalar en el barco faro de Nantucket, marcar la isla de Block, barajar Long Island y plantarse, finalmente, en los Narrows de Nueva York. Puede que, en su día, este barcarrón fuera el más grande del mundo (tenía cinco toneladas más

El *Olympic* y el *Titanic* (a la derecha), este aún en construcción. Barcos destinados a la majestuosidad y ostentosa forma de navegar de la época, prácticamente gemelos, tendrían, sin embargo, finales bien distintos, pues el *Olympic* prolongó sus días hasta 1934, cuando lo remitieron al desguace después de llevarse por delante el barco faro de Nantucket. El *Britannic* sería hundido por una mina en las islas griegas.

de registro que su hermano mayor y antecesor, el *Olympic*), pero estaba a punto de ser superado holgadamente por el alemán *Imperator*. Tampoco fue el barco con final más dramático –en este ejemplar tal vez encuentre el lector otros de su agrado– ni, por desgracia, el que se ha llevado consigo más muertos. Contra lo que se suele creer, tampoco era el más rápido, pues, en su tiempo, mientras la compañía White Star presumía de él y sus gemelos *Olympic* y *Britannic*, la Cunard, haciendo trampas con una subvención estatal, construía dos «Ferraris» incomparables, el *Lusitania* y el *Mauretania*, mucho más veloces.

La cartelería publicitaria fue una constante en los vapores que emprendían la travesía del Atlántico y acabaría cristalizando en competiciones como la Cinta Azul al barco más rápido en materializarla. Hoy constituyen auténticas obras de arte, recuerdos de una época olvidada.

Salón de lectura del *Titanic*; este tipo de fotografías servían de reclamo para demostrar la absoluta comodidad y presunta invulnerabilidad de estos buques, que, en realidad, estaban tan sometidos a circunstancias imprevistas y avatares de la mar como cualquier otro.

En resumidas cuentas, da la sensación de que durante un siglo se nos ha vendido la moto del fabuloso y moderno transatlántico que, fruto de la más moderna tecnología e impecablemente construido, llevaba a Estados Unidos la flor y la nata de la sociedad inglesa de la época en su viaje inaugural conducido de forma temeraria por un excesivamente confiado capitán que esperaba batir con él todas las marcas pero acaba dando con la helada horma de su zapato en forma de gélido iceberg que, como un descomunal abrelatas, abre la panza del maravilloso buque y pone fin a sus días con saldo trágico, previa escenificación de dramáticas escenas de vida o muerte donde horas atrás sólo había frivolidad e inocuos juegos florales de amoríos de verano y cursis escarceos sexuales.

Como suele suceder, en todo lo anterior hay algo de cierto, y también mucho de falso. El *Titanic* no era «el que más», sino uno más de los grandes y modernos paquebotes que cruzaban el Atlántico a la caza de fama y gloria, pero, sobre todo, de rentabilidad. La moderna investigación y el descubrimiento del pecio en el fondo del mar nos ha permitido, al modo de la investigación arqueológica, y también la forense estilo CSI, saber mucho más sobre el *Titanic* y cómo estaba construido, de forma que podemos concluir con certeza que, sin ser en absoluto una chapuza y mucho mejor que bastantes barcos del siglo XX que no tuvieron tan mala suerte, tampoco era ninguna maravilla, y habría sido expedientado con varias «no conformidades» en un moderno control de calidad. Estos «defectillos», que podían haber colado (y colaron perfectamente en sus gemelos) se pusieron en evidencia cuando sufrió el relativamente improbable accidente de chocar de costado y refilón contra un iceberg. Por lo que se refiere al capitán, veterano del *Olympic*, examinando fríamente su actuación –y exceptuando la polémica velocidad final del *Titanic*–, no se puede menos que reconocer su irreprochable ejecutoria y sentido de responsabilidad, muy lejos del alarde que la inicua leyenda –y el cine infame– le supone. Jamás pudo el capitán Smith soñar con la Cinta Azul al barco más rápido del Atlántico puesto que su buque no era un modelo «de carreras» como el *Lusitania*, sino un fiable transporte transatlántico con la única pretensión de transportar cuantos más pasajeros, mejor. El único peligro para la navegación que había aquella fría y serena noche de abril en La Esquina era, desgraciadamente, el iceberg, que una vez perpetrada su vandálica y dañina acción, desapareció en la noche como un egregio fantasma, tal vez a la espera del siguiente incauto a la vuelta de los siglos.

¿QUÉ PASÓ CON EL *TITANIC*?

Aunque pocas veces se dice, la «gestación» del *Titanic* se produjo en 1894, cuando el que iba a ser próximo presidente y director de la White Star, Joseph Bruce Ismay, fue presentado a lord William J. Pirrie, presidente

Joseph Bruce Ismay, armador del *Titanic*, pensó en realizar un sueño con los tres enormes *Olympic* –*Olympic*, *Titanic* y *Britannic*– pero, en realidad, en vez de aumentar su prestigio, lo sucedido a bordo del segundo, en el que viajaba, acabó por convertirse en su peor pesadilla.

a su vez de los astilleros irlandeses (del norte) Harland & Wolff, de Belfast, y se supone hablaron de los proyectos en ciernes, poniéndose el astillero a disposición del armador. La competencia de las líneas en el Atlántico en ese momento era muy fuerte, y la White Star, que contaba entre sus filas con el magnífico *Oceanic* –buque que hizo el trayecto transpacífico Yokohama-San Francisco en trece días y medio–, el *Teutonic*, con una Cinta Azul en su haber (1891), el *Celtic* o el *Cedric*, estaba dispuesta a aguantar el tirón. En 1902 entra en el accionariado de la White Star el financiero J.P. Morgan, y comienza a soñarse con grandiosos proyectos. El diseñador Thomas Andrews diseñó por encargo de Ismay los tres buques, que se construyeron en Harland de Belfast. Lo que sucedió al final es que el presidente de la White Star, que concibió el proyecto y logró financiar la construcción, cometió el insospechado error de navegar a bordo en su último viaje, pasando a la leyenda oscura como un naviero prepotente que no cesaba de importunar al capitán como si fuera el dueño del barco, pero que, a la hora de la verdad, cuando sucedió el choque, no dudó en embarcarse «de extranjis» en uno de los botes con el pretexto de que ayudaba a bajarlo al agua, condenándose con ello para el resto de su vida por una sociedad inglesa que no le perdonó llevar sobre su frente el marchamo de «cobarde». Así que no resulta descaminado decir que aquello que fuera su sueño de poder y ostentación –el *Titanic*– acabó siendo para él una pesadilla y trampa que, además de acarrearle la ruina económica, se llevó al fondo del mar su reputación personal. Si Joseph Ismay lo hubiera sabido, podemos aventurar que este buque y sus gemelos jamás hubieran visto la luz.

Pero, en fin, obras son amores, y, a comienzos del siglo xx los ricachones, en vez de lujosos megayates con gimnasio, jacuzzi y spa incluidos como hoy en día, preferían encargarse imponentes mastodontes de casi cincuenta mil toneladas que no cabían en ninguna parte, costaba hacer rentables y eran vulnerables a serios peligros, el mayor de los cuales podía ser la nada remota posibilidad de chocar contra un semejante. El *Titanic*, pasto fácil de la leyenda, si algo mostró de inicio fue su mal fario, materializado con la muerte de dos trabajadores durante su construcción; puede que una oportuna cita con un brujo maorí que lo exorcizara hubiera resuelto la situación –al crucero de batalla *New Zealand* le dio óptimos resultados–, pero, con las prisas, debió de olvidarse este imprescindible trámite, y el malhadado *Titanic* prosiguió su carrera de desgracias.

Ahondando en lo esotérico, nos interrogaremos ahora por la existencia de un posible Jonás a bordo; reviste especial interés como sospechoso considerar la candidatura del poco conocido capitán Bartlett, que lo fuera de quilla y lo trasladó de Belfast a Southampton, donde le «largaría el muerto» a Edward John Smith para que pasara a la historia. Posteriormente, Bartlett llevó el *Britannic* a chocar con una mina cerca de la isla de Kea, lo que produjo su hundimiento, convirtiéndose en un «titanicida» de mucho cuidado. Otra posibilidad es la famosa camarera, de nombre Violeta Jessop, superviviente primero del *Titanic* y, después,

La famosa y hollywoodiense camarera del *Titanic*, Violet Jessop, presente en ambos naufragios (también en el del *Britannic*) ha quedado para el público como romántico personaje de una singular suerte, y para el imaginario marítimo, como señalada representante del término «Jonás» de a bordo.

también del *Britannic*. Pero todo apunta a que el verdadero imán de la negra fortuna fue un tal Morgan Robertson, que, en 1898 –cuando en España humedecíamos sábanas por la pérdida de Cuba, Puerto Rico y Filipinas– publicó la novela *Futility* en un escalofriante arrebato premonitorio (lástima no disponer de un ejemplar), pues trata de un transatlántico, el *Titán*, que, navegando el 3 de abril a medianoche con una velocidad de veinticinco nudos choca contra un iceberg, pereciendo gran número de pasajeros. Si Bartlett, Ismay o Smith hubieran mostrado más afición por la lectura, tal vez el desastre se hubiera evitado.

El caso es que la mala pata acompañó al *Titanic* desde que nació. Cuando por fin quedó listo, una serie de huelgas y retrasos afectaron su normal desenvolvimiento en el tráfico comercial. Al pasar junto a un colega, el *New York*, abarloado al *Oceanic*, lo succionó con tan poca amabilidad que sus amarras faltaron, teniendo que atracar en otro sitio. No logró hacer relleno completo de carbón, y, navegando hacia Francia, se le incendió una carbonera, cuyos rescoldos permanecieron latentes durante tres días, es decir, se sofocó veinticuatro horas antes del naufragio, de forma que el *Titanic* acabó de luchar contra el fuego para tragarse una ración triple de hielo. Si todos estos síntomas no significan poca fortuna, baje Dios y lo vea.

Encabeza el reparto de esta desgraciada historia el capitán del barco, Edward J. Smith, un veterano de sesenta y dos años que venía de mandar el buque gemelo y anterior al *Titanic*, el *Olympic* –a la postre último superviviente de la serie–, y estrellarlo contra el costado del crucero *H.M.S. Hawke*, lo que le daría una idea de cómo se las gastaban estos nuevos transatlánticos. La White Star quiso contar con un experto al borde de la jubilación para el estreno de su flamante barco, dándole así justo homenaje que el homenajeado puede que no apreciara en toda su dimensión, pues, lejos de una «patada hacia arriba» estratosférica, el cargo le obligaba a soportar, durante todo el viaje, al armador Ismay, el diseñador Andrews y potentados como John Jacob Astor, propietario del Waldorf Astoria, Ben Guggenheim o George Widener, el «rey de los tranvías»; acabando por recibir, como inmerecido premio a su paciencia, un pasaje «de aquí a la eternidad».

Tampoco sobrevivió el primer oficial Murdoch, personaje ciertamente desafortunado, pues, aparte de ser el ejecutante del impacto contra el iceberg, permitió que algunos hombres se saltaran la prohibición de «mujeres y niños primero» al subir a los botes, y (¡horror!) incluso le hizo la pelota a algún millonario para que subiera. El cine le castiga por ello con un espectacular suicidio a punta de revólver, escena que se ha demostrado falsa al comparecer testigos confirmando que Murdoch desapareció al sorprenderle el hundimiento colaborando en la botadura de las balsas. Puede que fuera una suerte que no se suicidara, pues, de haberlo intentado, tal vez se hubiera dudado hasta de su buena puntería.

El veterano y muy experto capitán del *Titanic,* Edward J. Smith, venía de mandar el *Olympic* y jamás pudo llegar a concebir accidente como el ocurrido a su buque. Supervisó una navegación bien apartada del límite de los hielos, pero, a pesar de los avisos, apenas redujo la velocidad hasta chocar con un solitario iceberg a la deriva.

El segundo era Lightoller, que acabó en el agua. El tercer oficial era el de derrota, Herbert John Pitman, que se salvó al mando de la lancha número cinco, igual que el cuarto Boxhall, que lanzó los cohetes y luego tomó el mando de la número dos. El auténtico héroe de la oficialidad fue el quinto, Harold Lowe, que hizo frente –este sí– a los pasajeros insurrectos disparando su revólver, tomó el mando de la número catorce, organizó un grupo de lanchas, y, mediante los oportunos transbordos, volvió con la suya al rescate en el lugar donde se hundió el buque, cosa que

El quinto oficial del *Titanic*, Harold Lowe, héroe de la noche al mando del bote número catorce. Mostrando una gran presencia de ánimo, organizó salvamento y transbordos, regresando al lugar una vez hundido el buque buscando supervivientes; en una escena de película, llegó a enfrentarse a punta de pistola a los pasajeros amotinados.

Pitman no consiguió, pues las mujeres de la suya se amotinaron. El radiotelegrafista de frases célebres y contrapuestas fue John George Phillips, polémico personaje desaparecido, despertando su ayudante, Harold Bride, que sobrevivió, mayores simpatías. Pero el gran emérito del *Titanic*, aparte de su capitán, fue el jefe de máquinas Joseph Bell, que mantuvo su negociado en funcionamiento hasta que materialmente fue imposible seguir.

No se debería concluir este repaso sin incluir tres personajes más presentes o que acudieron al escenario de la catástrofe. El auténtico y desgraciadísimo don Tancredo fue el *Californian*, el cual, distante tan sólo diez millas, permaneció impertérrito contemplando sus oficiales aquellas cosas tan raras que hacía el buque iluminado lanzando cohetes que tenían tan cerca mientras su radiotelegrafista dormía a pierna suelta. A ninguno se le pasó por la cabeza que, aquella plácida noche, se pudiera estar hundiendo. También estuvo presente un furtivo, el pesquero de focas noruego *Samson*, que, sabiéndose en aguas territoriales estadounidenses ilegalmente, eligió quitarse de en medio. La conciencia, sin embargo, no perdonaría a uno de sus tripulantes, que confesó cincuenta años después, demostrando que aquella, como la muerte, puede ir lenta, pero es segura. El héroe naval de la jornada fue el *Carpathia* del capitán Arthur Rostron, el cual, distante cincuenta y ocho millas, viró hacia el *Titanic* en apuros inmediatamente, rescatando a todos los supervivientes.

El *Titanic* zarpó de Southampton para dirigirse a Cherburgo, en Francia, y luego Queenstown, Irlanda –hoy Cobh–, donde recogió emigrantes irlandeses. Emprendió la travesía atlántica con los incidentes que hemos bosquejado, y los que el cine inventó posteriormente u otros parecidos, que sólo dejan huella en el corazón de los interesados. Desde el punto de vista náutico, Pitman, el oficial de derrota, recibió de Smith la orden de modificar la derrota prevista; en vez de apuntar a La Esquina, en 43°N 50°W, el *Titanic* navegaría rumbo al 42°N 47°W, es decir, un punto situado un grado más abajo y tres más próximo, lo que debía dotar al transatlántico de un buen margen de seguridad frente a los hielos flotantes a la deriva.

Por desgracia, 1912, al igual que 1982-1983, fue un año especialmente desfavorable en este sentido, extendiéndose los campos de hielo pronunciadamente hacia el sur e invadiendo la derrota ortodrómica que debían surcar los buques como el *Titanic*. El primer aviso lo recibió el transatlántico el 12 de abril por la tarde, procedente del paquebote *La Touraine*. Posteriormente, y conforme se iban aproximando a la imaginaria Esquina, llegaron al menos otros cuatro avisos genéricos de hielo, procedentes de los *Caronia, Amerika, Baltic* y *Californian*. Este último, surcando una derrota muy próxima a la del enorme buque de pasajeros inglés, acabó por internarse en un campo de hielo, y el capitán Lord decidió detenerse. Sucedió entonces una circunstancia muy desfavorable, y es que la estación de radio del *Titanic*, que estuvo averiada, tenía *overbooking*, con más de doscientos mensajes en la cola; cuando primero el *Mesaba*, a las 21:30 del 14 de abril, y luego el *Californian*, a las 23:00, quisieron dar nuevos avisos, Phillips les despidió con cajas destempladas: «Cállese y no interrumpa». Elías Meana, en un programa del canal Cuatro Televisión, especulaba recientemente con la posibilidad de que el *Titanic*, emitiendo con una potencia de cinco kilovatios, provocara durante largas horas la saturación del espectro

El transatlántico *Titanic* en los muelles de Southampton antes de zarpar para su primera, última y célebre travesía. No era el más rápido, ni el más grande, pero por su trágico y paradójico final llegaría, por méritos propios, al puesto de más famoso.

radioeléctrico, no sólo impidiendo la llegada de nuevos avisos, sino que otros barcos comunicaran entre sí.

El drama, pues, siguió su curso irremisiblemente. A las 11:40 de la noche, habiendo rebasado el *Titanic* la «segunda Esquina» de Smith y Pitman ligeramente por el sur, y navegando a una cómoda velocidad de 20,5 nudos –la comercial podía llegar a veintidós–, con la mar en absoluta calma y viento inexistente, el vigía Frederick Fleet, situado en la cofa mayor, avistó un iceberg por la proa, hizo sonar la campana y dio aviso por teléfono al puente. Allí, el oficial de guardia, Murdoch, reaccionó metiendo toda la caña a babor, parando máquinas y ordenando finalmente «todo atrás».

Resultó un cúmulo de mala suerte increíble. Si el iceberg hubiera sido avistado antes, Murdoch lo habría evitado con lo que hizo, y, si lo hubieran visto después, lo habrían abordado de proa, con daños que hubiera resistido el mamparo de colisión. Sin embargo, la distancia de avistamiento, cuatrocientos cincuenta metros, daba únicamente espacio para que un barco como el *Titanic* –que necesitaba 3,6 kilómetros para detenerse– guiñara ligeramente a babor, ofreciendo toda la aparadura bajo la amura de estribor al iceberg de treinta metros de altura. El buque recorrió la distancia en casi cuarenta segundos, y, cuando impactó con el iceberg, las máquinas todavía daban avante, pues tardaron en detenerse noventa segundos; para librar la popa, Murdoch metió entonces cinco grados a estribor.

Lejos de cortar el casco como un cuchillo, como se ha venido diciendo, los restos recogidos del fondo y la investigación han demostrado la existencia de seis golpes en el casco, el más grave en la aparadura bajo las salas de calderas cinco y seis, de unos once metros de longitud. Estos impactos provocaron pequeñas grietas a lo largo de los seis primeros compartimentos estancos, casi dos metros por encima de la quilla. Los daños sobre un acero con alto contenido de azufre, muy quebradizo a bajas temperaturas –como ha demostrado la experiencia del péndulo de Charpy en el Centro de Física naval del Departamento de Defensa de Canadá, en Halifax, a cargo del ingeniero Kent Allen–, provocaron que, a medio grado centígrado bajo cero, el casco del *Titanic* se rajara dejando pasar un torrente incontenible. También se ha especulado sobre la baja calidad de los remaches en las juntas de las planchas, que cedieron antes de lo previsto. Para evitar que las calderas de la sala seis explotaran por inmersión, se apagaron sus fuegos y abrieron las seguridades, aliviando así la presión.

Tras el impacto que tan graves destrozos produjo, hubo una pequeña pausa de menos de media hora, tiempo que el capitán Smith, y todo su «estado mayor», necesitaron para hacerse cargo de la situación. El veredicto del diseñador Thomas Andrews fue preciso: inundadas la bodega de proa, la número uno, la dos, la oficina de correos y el cuarto de calderas número seis, la rotura total tendría unos noventa metros de largo, con cinco compartimentos inundados. El *Titanic* estaba previsto para aguantar a flote como máximo con cuatro compartimentos inundados. Por lo tanto, no tenía salvación. El mamparo del sexto compartimento no llegaba hasta la cubierta, y dejaría pasar el agua cuando todos los que estaban por delante se inundaran. Sólo era cuestión de tiempo. ¿Cuánto? Andrews no pudo decirlo con precisión, tal vez una hora u hora y media, pero, a la hora de la verdad, serían dos y media largas. En otras palabras, ya habían perdido un tiempo precioso, así que no quedaba un minuto que perder. Smith ordenó alistar las lanchas y reunir a los pasajeros en la cubierta de botes.

Se ha criticado mucho el tema de los botes salvavidas del *Titanic*; unos cargan contra la imprevisora compañía, otros contra la caduca y trasnochada Board of Trade, que determinaba la normativa y el número de botes que debía llevar cada barco, y no faltará quien haga responsable de ello incluso al pobre Murdoch, al que se debe creer también responsable del astado que hirió de muerte a Manolete. El *Titanic* llevaba catorce lanchas salvavidas, dos chalupas y cuatro lanchas plegables de lona, es decir, veinte embarcaciones en total, con capacidad para 1.178 personas. A bordo del buque había aquella noche 2.207 personas, con lo que, si el *Carpathia* no llegaba pronto, o al pasmado *Californian* no se le despertaba la curiosidad, 1.029 personas tendrían que nadar y estar expuestas a morir de frío por hipotermia. La Board of Trade y el astillero, que asignaban los salvavidas basándose en el arqueo del buque en cuestión, pensaron en exigir treinta y dos botes, pero, al final, se conformaron con dieciséis, e incluso normativamente habrían bastado menos, de lo que presumía muy ufana la White Star. Y el lector se preguntará: ¿cómo es esto posible?

Es posible por la sencilla razón de que juzgamos con más de cien años de ventaja; en la época en que se construyó el *Titanic*, a nadie, ni a las autoridades marítimas, ni a los marinos, ni al que escribió el premonitorio libro, se les pasó por la cabeza que alguna vez serían necesarios botes en un enorme transatlántico para *toda* la tripulación y el pasaje. Por desgracia, esta lección se aprendió precisamente con este naufragio, origen de la normativa que ha llegado hasta nuestros días: todo aquel que va a bordo tiene sitio en las lanchas salvavidas. Pero, en 1912, no. Nuestros bisabuelos concebían entonces las embarcaciones de salvamento para el transbordo del barco dañado al que efectuaba el rescate, y, por supuesto, siempre se podían hacer varios viajes. Este exceso de confianza, uno

El *Carpathia* del capitán Arthur Rostron llegó al lugar del hundimiento sobre las cuatro de la mañana, algo más de hora y media después de que el *Titanic* desapareciera bajo las aguas, cuando la hipotermia había hecho ya estragos. Aun así, pudo rescatar a casi todos los supervivientes.

más –¿quién iba a sospechar que un superbarco como el *Titanic* naufragaría en pleno Atlántico una noche de calma absoluta?–, lo pagarían muy caro, pero no parece sensato cargar en el debe de nuestros antepasados haber carecido de la facultad de la adivinación. Ojalá alguien lo hubiera supuesto, sí. Pero nadie lo hizo, y, si lo hizo, no consiguió que le hicieran el debido caso.

Otra inexactitud muy frecuente es decir que el *Titanic* se hundió el 14 de abril de 1912. Chocó a las 11:40 de este día, pero, a las 12:00 horas, aún estaba a flote, con lo que el hundimiento, digan lo que digan, se produjo en la madrugada del 15 de abril. Mientras el agua iba rellenando compartimentos, y el frío bentos reclamaba al *Titanic* como uno de sus más codiciados huéspedes, a las 12:15 el irascible radiotelegrafista jefe Phillips comenzó a emitir la señal de alarma CQD (llamada general de emergencia), seguida de las iniciales del buque, MFY. Respondieron, casi inmediatamente, el *Frankfort* y el *Carpathia*; el primero estaba demasiado lejos, la reacción del segundo ya la conocemos. En el imperturbable *Californian* el radiotelegrafista había salido de guardia a las 23:35, pero a alguien al menos se le ocurrió ponerse los auriculares; sin embargo, desconocedor de su funcionamiento, no le dio cuerda al mecanismo de relojería del detector magnético, así que nada pudo escuchar.

Por fin, a las 12:30 se daba la orden de ocupar los botes con la tradicional consigna «las mujeres y los niños primero». Se cumplió muy irregularmente, según lo estricto de cada oficial o lo insurrecto que se mostrara el pasaje congregado en torno a cada bote. La primera lancha, la número siete, se botó al agua a las 12:45, seguida de la número cinco; en ese mismo momento, al segundo radiotelegrafista Bride se le ocurría emplear la nueva y más simple señal de socorro: SOS, que inundó el espectro radioeléctrico escuchándose hasta en Nueva York. La lancha número seis estuvo en el agua a las 12:55, cinco minutos después, la número tres y la número ocho a la 01:10. Imperdonablemente, no todas iban llenas al completo, y sobre las preferencias que se habían empleado –aunque no hubo consigna acerca de ello– baste decir que se salvaron el sesenta y dos por ciento de los pasajeros de primera clase, el cincuenta y dos por ciento de los de segunda y sólo el veinticinco por ciento de los de tercera. Sólo murió un niño y el tres por ciento de las mujeres de primera clase, pero la tercera clase perdió al setenta por ciento de los niños y el cuarenta y cinco por ciento de las mujeres. Sobran más comentarios al respecto.

A las 01:30 sucedió algo estremecedor: la proa del gigantesco barco tocó el agua, y la popa se levantó, mostrando las hélices colosales. El fin se aproximaba, y el que se hubiera mostrado escéptico de lo que iba a suceder ahora ya no podía albergar duda alguna. En el *Californian*, la tripulación de guardia se molestó en despertar al capitán para informarle de que veían un buque lanzando cohetes, y aquel les dijo que trataran de comunicarse por semáforo. Fue lo más cerca, la última oportunidad desaprovechada que tuvo este barco de salir de su pasividad para hacer algo útil. A las 01:50, Phillips, en situación completamente opuesta a su anterior emisión, radiaba a los otros buques un perentorio «Acudan pronto, amigos». La radio del desafortunado transatlántico estuvo emitiendo hasta las 02:10. La orquesta, cómo no citarla, también decidió seguir tocando sin tratar de ponerse a salvo; su papel ha sido muy elogiado durante generaciones, que no han sido capaces de ponerse de acuerdo en lo que tocaban, según crónicas añejas, *Autumn*, según otros, *Cerca de ti, Señor*, y puede que dentro de unos años se diga que interpretaban un tema de Celine Dion (cosas peores se tendrán que oír). En lo que sí parece haber acuerdo es que, en aquel momento, se apagaron las luces del barco, quedando como única luz una linterna de petróleo colgada del palo de mesana.

El instante de suspense iba a ser roto por el acto final, que dejaría boquiabiertos a los presentes y fascinados a cuantos han intentado reconstruirlo para la posteridad: el *Titanic* comenzó a hundirse en una decidida y siniestra pirueta que no podía terminar sino en catástrofe. Eran las 02:18 de la noche; la inclinación hacia proa y la escora a babor iban siendo tales que la cubierta, normalmente horizontal, se transformó en un tobogán colosal sin colchonetas al fondo. La gente huía del agua de forma insensata y despavorida, ascendiendo hacia la popa, con lo que no hacían otra cosa que incrementar exponencialmente la altura desde la que caer. Algunos se tiraban con fortuna, pero otros se estrellaban contra las superestructuras, manguerotes y barandillas. Muchos quedaban colgados de algún precario asidero para acabar precipitándose finalmente al abismo. Entretanto, la estructura del enorme transatlántico, con la proa completamente llena de agua y sobrecargada (es decir, tirando hacia abajo) y el resto del barco boyante y colocándose vertical (pugnando hacia arriba) no podía sino colapsar, partiéndose por la mitad. Pero, antes, espectacularmente, cayeron derribadas las chimeneas al faltar sus vientos, aplastando a quien atraparon por medio.

Por fin se partió el *Titanic*, un crujido estremecedor que se oyó en los alrededores; como un ancla, la proa hundiéndose tiró de la popa vertical, produciendo así la espectacular escena reproducida en la película de James Cameron. Pero la historia siguió bajo el agua, pues la proa se desgajó finalmente, y a trescientos treinta metros por minuto (unos cuarenta kilómetros por hora), ambas mitades llegaron al fondo sobre las 02:30, posándose en casi cuatro mil metros de sonda, y a seiscientos metros una de la otra; allá donde los encontraría el minisumergible del doctor Robert Ballard en septiembre de 1985. A partir de 1991 también visitarían el pecio dos minisumergibles soviéticos MIR, en colaboración con científicos canadienses. Dicen que dentro de cincuenta años ambos trozos, carcomidos por el óxido y una extraña bacteria, ya no existirán, pero cuando se han extraído y limpiado muestras del casco, el acero, después de ochenta y tres años sumergido, aparecía limpio e incontaminado. Así que apostamos por la existencia de los restos del *Titanic* al menos durante

El doctor Robert Ballard alcanzó fama imperecedera al descubrir el pecio del *Titanic*, en el fondo del mar, partido en dos trozos, el 1 de septiembre de 1985. La leyenda, de gran aparato publicitario y a la que acompañó el famoso film, había dado comienzo, pero los hallazgos fueron más bien pobres.

otros ochenta años. Verá –el que viva– que para entonces el naufragado *steamer* sigue existiendo, y se generarán nuevas excusas para poder visitarlo a troche y moche, como el gran negocio que ya es, antes de que vuelva a querer «desaparecer».

Por nuestra parte, y mientras ascendemos cuatro mil metros hacia la superficie, tendremos que viajar también en el tiempo para volver a aquella aciaga noche de abril de 1912. Si emergiéramos al fin, para aspirar, aliviados, una gran bocanada de aire, encontraríamos un cuadro desolador. El que deja un naufragio cuando el barco ha desaparecido: una orfandad terrible que la cruda realidad impone a cuantos supervivientes quedan de la catástrofe, nadando en un cúmulo de restos, trozos, maderas, telas y efectos que el buque, al despedazarse, ha dejado tras de sí. Los buques de carbón no impregnaban la superficie del asfixiante y letal manto de petróleo que produce una motonave o un buque de calderas de petróleo al hundirse, en el que un náufrago puede intoxicarse y morir; mas, con el agua a medio grado centígrado bajo cero, la esperanza de vida más allá de los diez minutos era una inalcanzable quimera. La hipotermia se traduce en un colapso multiorgánico que no tarda en dar cuenta del náufrago.

La única posibilidad de supervivencia eran los botes salvavidas de olmo, y las balsas de lona, en las que pudieron encaramarse y sobrevivir algunos. Sólo una lancha, la del oficial Lowe, tuvo la suficiente presencia de ánimo para regresar a las 03:00 al lugar del hundimiento y rescatar a los tres o cuatro desgraciados que aún conservaban un hálito de vida. Las otras, muchas con sitio a bordo (la lancha número uno, con capacidad para cuarenta personas, sólo llevó doce a bordo), prefirieron mantenerse al margen por miedo a ser invadidas; un acto que, como el de la categoría de los puestos a salvo, vuelve a sacar los colores de cuantos allí vieron su vida en peligro aquella noche. La conciencia, lo sabemos por el *Samson*, es lenta, pero, salvo en el caso del propietario del barco, Ismay (condenado por todos), también fue olvidadiza, al menos, la colectiva. No sería la última afrenta que se perpetró contra los pasajeros de tercera clase en este siniestro.

Por fin, tras más de una hora de angustia y desesperanza, las llamadas de socorro daban sus frutos y el *Carpathia* aparecía resoplante a las 04:00 en el lugar de los hechos. Llegaba demasiado tarde para salvar a los que no tuvieron donde flotar fuera del agua esos cien minutos que separaron la vida de la muerte aquella noche, así que sólo pudo rescatar a los privilegiados. La primera persona en ponerse a salvo procedía de la lancha número dos, y se llamaba Elizabeth Allen. A las 05:42, al fin, la radio ponía al corriente al *Californian* del significado de la expresión «estar al loro». En cuatro horas y media, el *Carpathia* del capitán Rostron rescató setecientos cinco pasajeros, poniendo rumbo a Nueva York. Enterados del desastre, se envió al lugar un pesquero, que rescató cientos de cadáveres. Una vez más, los de tercera hubieron de ceder paso, siendo sepultados en la mar, mientras los de segunda y primera eran llevados a tierra para ser enterrados en el cementerio. La inmensa tragedia había terminado, y daba comienzo la leyenda en la que se gestaría la famosa película, todo un clásico a estas alturas que ha convertido al *Titanic* en un producto de consumo que genera desaforado interés, sacando definitivamente el hecho de los cauces lógicos y sensatos por los que debería haber discurrido.

LO QUE SE HA APRENDIDO CON ESTE NAUFRAGIO

Con el *Titanic* se abre la posibilidad de marcar una pauta de análisis basada en los siguientes puntos:

- Cómo se comportó la nave tras producirse el siniestro.
- Cómo se comportó la tripulación.
- Cómo discurrió el salvamento dentro del barco.
- Cómo discurrió el salvamento en el exterior.
- Posibles errores e irresponsabilidades del mando.
- Posibles responsabilidades del armador, diseñador y constructores.

Aunque no siempre tenemos por qué ceñirnos a esta pauta, nos provee de una buena base de análisis que iniciaremos con el *Titanic*. Toda nave que permite abandonarla a su tripulación es considerada, desde tiempos inmemoriales, como buena y noble. En este sentido, el transatlántico concedió a los que navegaban a su bordo un plazo de 159 minutos (2,65 horas), plazo que, sin ser muy dilatado, debía haber permitido la completa evacuación del buque. El problema, ha sido reiterado, la falta de botes salvavidas suficientes y la temperatura bajo cero del agua, causa de que la mayor parte de la gente –aproximadamente la mitad– se quedara finalmente a bordo y acabara por hundirse con el buque. Hay un último factor que tener en cuenta: muchos pasajeros no creyeron que el buque acabaría por irse a pique, y se quedaron tranquilamente a bordo, pues pensaron que estarían allí mejor que nadando o en las lanchas salvavidas. Cuando se dieron cuenta de lo equivocado de su decisión, ya era demasiado tarde; mas, en función de los conceptos y convencimientos acerca de la navegación y el salvamento vigentes en 1912, no puede decirse que fueran locos, ni suicidas. Simplemente, estaban equivocados.

La tripulación, igual que el *Titanic*, aprueba también el examen, pues hicieron todo lo que cabía esperarse de ellos: organizar el salvamento y la evacuación de la mejor forma posible una vez se supo que el buque no tenía salvación. Sin embargo, recae sobre ellos el que la evacuación se hiciera de un modo clasista, prejuicio de la época del que no fueron capaces de desligarse ni siquiera en una emergencia, y el hecho de que se clausuraran muchas salidas a bordo para evitar el pánico, lo que nos introduce en el punto siguiente. No todo el mundo tuvo acceso a la cubierta de botes para ser evacuado, mancha con la que el *Titanic*, que no disponía

Una de las balsas desmontables del *Titanic*; la polémica se desató con los botes fijos, colgados de sus pescantes, que según la normativa de la época (a cargo del Board of Trade) no eran suficientes para todo el pasaje. Las normas cambiaron a partir de esta catástrofe.

de suficientes botes, habrá de cargar para siempre. Realmente, la verdadera posibilidad de salvación, en este caso, habría sido la rápida formación de brigadas de construcción de balsas con restos del barco. Pero, para ello, habría habido que contar con la identificación e inventario de dichos restos –posiblemente existían, en las bodegas–, su posibilidad de manipulación y botadura al agua, y un plan organizado y eficiente. Demasiado pedir para poco más de dos horas y media, pero no imposible. Algo más de tiempo habría permitido la construcción de balsas con elementos básicos como vigas de madera, depósitos vacíos, ligazones (cabos y maromas) y paneles para mantener a flote y fuera del agua a los náufragos. No se trataba de construir *Kon-Tikis* oceánicas ni nada parecido, simplemente algo que aguantara hora y media, hasta la llegada del *Carpathia*. Una lección interesante que puede ser válida incluso hoy en día, tener a la gente aleccionada en la construcción básica de balsas y con los elementos viables para ello identificados.

El salvamento por parte de otros barcos señaló la radio, a pesar de todos sus defectos, como elemento indispensable, la gran lección que aportó el *Titanic*, rápidamente aprovechada por todo aquel buque que navega hasta nuestros días. La eficaz y diligente actuación del *Carpathia* resulta, no obstante, neutralizada por el increíble y triste papel desempeñado por el *Californian*, y la escapada del *Samson* inclina la balanza finalmente del lado negativo. Pocas veces se ha dicho, pero, en el siniestro del *Titanic*, los barcos que estaban cerca, salvo honrosa excepción, no estuvieron a la altura.

Llegamos así a los posibles errores e irresponsabilidades del mando. Por mucha veteranía, excelente comportamiento y derroche de paciencia que tuviera que hacer el capitán Smith en esta desgraciada y muy desafortunada travesía, no tiene excusa que, con cuatro avisos de presencia de hielos en La Esquina en su poder, continuara navegando a una velocidad por encima de los veinte nudos. Como en otros casos que veremos a continuación –sin ir más lejos, el *Andrea Doria*, el *Estonia* y el *Costa Concordia*–, a los barcos, como a los automóviles, les suele perder el exceso de velocidad, pues los daños son mucho mayores. Si el *Titanic*, tras recibir los avisos, hubiera moderado a una velocidad prudencial (doce a catorce nudos), es más que razonable pensar que, aun retrasado, hubiera acabado llegando a Nueva York. Incluso a dieciocho nudos lo más probable es que lo hubiera conseguido. A más de veinte, sin embargo, no llegaría jamás. A consecuencia de este accidente se creó la International Ice Patrol (IIP), para vigilar con guardacostas los témpanos que hayan podido derivar hacia las rutas marítimas, y, en caso necesario, «mover» La Esquina hacia el sur hasta el lugar considerado oportuno.

El capítulo más polémico de este análisis serían las responsabilidades de los «padres» de la criatura, es decir, si el *Titanic* estaba bien diseñado y construido. Todo apunta a que no sucedió ni una cosa ni la otra, aun cuando no pueda afirmarse que estuviera mal. Simplemente, podemos señalar varias «no conformidades» que, por su propia naturaleza, no implican responsabilidad de nadie, sino simple desconocimiento técnico o falta de elementos de comprobación. Desde el punto de vista de ingeniería, parece de común acuerdo que el *Titanic*, aun tocado de muerte, habría sobrevivido más tiempo, y se habría ido a pique de forma menos destructiva, si no hubiera tenido los famosos compartimentos estancos «parciales» a proa. Estos compartimentos provocaron una acumulación de agua –y, por lo tanto, de energía– en la zona de proa que comprometió la integridad estructural del buque como viga, acabando por producir el colapso, además de actuar como dique de contención parcial que acabó por desestabilizar y, literalmente, «lanzar» el buque al fondo al resultar desbordados. Mejor que no hubieran existido, o hubiesen estado abiertos para permitir la inundación equilibrada de todo el casco. El acero con el que estaba construido el *Titanic* no habría pasado hoy ningún control de calidad para ser parte del casco de un buque, pero en 1912 era lo que producían las mejores fraguas, y se ha revelado en buen estado y compacto cuando se ha limpiado y ensayado. Puede que los remaches, producidos en masa, fueran en un importante porcentaje de mala calidad, pero aquí lo que falla es precisamente no haber dispuesto de un control, algo que tardaría aún muchos años en concretarse.

Así pues, y además de una inmensa tragedia, el siniestro más famoso de todos los tiempos estuvo lejos de resultar estéril. Nos dejó la confirmación de la radio como auxiliar indispensable de navegación, la Patrulla de los Hielos, y la prescripción absoluta de llevar lanchas y botes salvavidas para todas las personas que van a bordo de cualquier embarcación. Otras cuestiones, la prudencia, la velocidad, los errores de diseño y construcción son y serán por largo tiempo muy debatidos. Pero, por encima de todo, la gran lección que aportó esta catástrofe fue que todo aquello que el *Titanic* representaba, la soberbia, el exceso de confianza, y el creernos invulnerables, se reveló inútil ante una naturaleza imprevisible y pacífica que, utilizando armas sutiles como un iceberg a la deriva y las gélidas aguas, acabó con todo en menos de tres horas terribles y que la memoria común nunca olvidará. Sin embargo, como demostrarán estas páginas, o la lección no se había asimilado, o se olvidó para futuras generaciones. Cuando esto sucede, los errores, y las tragedias, pueden volver a repetirse.

Capítulo 2
¿Fatídico ataque o pérfida conspiración?
Hundimiento del *Lusitania,* sur de Irlanda, mayo de 1915

NAVEGANDO HACIA EL DESASTRE

En la mañana del 7 de mayo de 1915, un enorme símbolo se acercaba navegando, a dieciocho nudos, al sur de la costa irlandesa. Era un gran barco, pero también un emblema, como se dijo en su día, de la seriedad de Samuel Cunard (perdurable hasta nuestros días con el gigantesco *Queen Mary II*), la elegancia de Edward Collins, efímera, y el poder del ingenio de Charles Parsons, heterodoxo ingeniero que había proporcionado a los buques de vapor el mecanismo de turbina capaz de hacerles volar sobre las olas. En sus casi ocho años de existencia, el transatlántico *Lusitania* había recibido grandes elogios como aquel que decía que «era más hermoso que el templo de Salomón, y con capacidad para todas sus esposas». Sin duda, lo merecía; había cruzado el Atlántico, hasta entonces, por lo menos dos centenares de veces, y gracias a sus formidables máquinas de sesenta y ocho mil caballos de potencia (capaces de impulsar sus doscientos metros de eslora a veinticinco nudos de velocidad), ganó tres veces la Cinta Azul, adjudicada al barco más rápido en atravesar el Atlántico.

Impresionante fotografía del *Lusitania* tras su viaje inaugural, en septiembre de 1907. Las turbinas Parsons de su aparato propulsor habían sustituido a las clásicas máquinas alternativas, logrando 68.000 caballos para una velocidad de veinticuatro nudos a pesar del ingente consumo de sus veinticinco calderas con ciento veintinueve hogares, mil toneladas de carbón por día. Los pasajeros se encontraron atravesando el Atlántico en menos de cinco días, impensable en su época.

El *Lusitania* y su hermano *Mauretania*, pertenecientes a la compañía Cunard Line, eran dos corceles espléndidos que dejaban a sus primos de la competencia, la White Star (*Britannic*, *Olympic* o el celebérrimo *Titanic*) tan sólo como mastodontes venidos a menos que, para gastar poco carbón, apenas podían soñar con los veintitrés nudos con sus cuarenta y seis mil caballos. Verdaderamente, el *Lusitania* era el sueño de todo naviero de principios de siglo; pero sólo la Cunard podía permitírselo. Rodeado de una nube de agua pulverizada y etéreas briznas de vapor, el «galgo de los mares» se aproximaba aquel día al aislado faro del Fastnet y el Viejo Morro de Kinsale con imponente aspecto, el largo, espigado y desafiante casco oscuro, enhiestas y desafiando las nubes las cuatro altísimas chimeneas. Sin embargo, el gigantesco barco parecía también acorralado por la fatalidad, o un sordo silencio cómplice, por parte de aquellos que más habrían debido poner de su parte para defenderlo.

Porque, a pesar de su soberbia majestuosidad, el *Lusitania*, en estado de guerra, corría graves peligros, y más en el punto crucial, cruce de caminos, hacia el que se dirigía. Aparte de que, sumido en pleno conflicto bélico, el enorme vapor estaba lejos de ser inocente: financiada discretamente su construcción y la de su gemelo *Mauretania* por el almirantazgo británico –que deseaba disponer en caso necesario de dos grandes y veloces transportes de tropas– y dotado con un «sueldo» o subsidio anual de setenta y cinco mil libras, cualquier buque o submarino enemigo habría podido considerarlo hostil, pues, en 1913, el almirantazgo de Winston Churchill, en decisión sin precedentes, había armado todos sus barcos mercantes, renunciando con ello a las llamadas «reglas de crucero» que obligaban a tratar con consideración, humanitarismo y previo aviso a la tripulación de un mercante desarmado; no así a la de un barco de guerra, que tendría que ser atacado por sorpresa y destruido fulminantemente.

Se quiera reconocer o no, el *Lusitania*, aunque de dudosa catalogación, habría entrado holgadamente en este último paquete, pues en la primavera de 1913 fue armado con doce cañones de seis pulgadas (ciento cincuenta milímetros) y sus costados blindados para recibir impactos enemigos. Un año después, Churchill anunció en la Cámara de los Comunes que cuarenta barcos británicos ya estaban armados y preparados para la declaración de guerra, que llegaría en el verano de 1914. El hermoso *Lusitania* entró así en guerra como navío armado –crucero auxiliar– y, por tanto, susceptible de ser atacado sin consideraciones. Pero no acabarían ahí todas las comprometidas y letales medidas adoptadas por el joven y polémico primer lord del almirantazgo: en octubre del mismo año, el gobierno inglés decidió mantener abierta la imprescindible arteria de comunicación con Estados Unidos mediante veloces buques transatlánticos –una temeridad suicida, como iba a demostrarse–, medida asumida con orgullo por el presidente de la Cunard, Alfred Booth, en estas fechas. El *Lusitania* perdió sus cañones tan rápidamente

La fotografía con lente panorámica del *Lusitania* marca los rasgos del transatlántico, muy largo (241 metros), estrecho (27 metros) y escandalosamente alto,

como los había recibido, dejando de ser un crucero auxiliar. Pero, puesto al servicio en una línea estratégica del Imperio británico, ¿podría alguien asegurar que era un objetivo inatacable para el enemigo?

Pues aún resta por considerar el tema del contrabando de guerra. Mediante un artificio burocrático, el gobierno inglés había conseguido que los manifiestos de carga de los barcos británicos que salían de puertos estadounidenses fueran sólo «parciales», lo que dejaba sitio para todo tipo de irregularidades, y, en especial, la más buscada: el contrabando clandestino de material de guerra. Por lo que se refiere al *Lusitania*, este contenido «alegal» se declaraba en manifiestos suplementarios secretos, que han llegado hasta nuestros días pues uno acabó nada menos que en manos del presidente estadounidense. Especifica que el barco llevaba a Inglaterra, entre otras cosas, 1.248 cajas de metralla para granadas con un peso total de cincuenta y una toneladas, 4.927 cajas de cartuchos del fusil con mil unidades cada una (173 toneladas más), 10,5 toneladas de fulminante de mercurio para espoletas y otras dos mil

características de estética destacable pero que serían un grave inconveniente en su naufragio, a la hora de botar las lanchas salvavidas y poner la gente a salvo, por la distancia que los separaba de la mar.

cajas procedentes del *Queen Margaret* con cartuchos del trescientos tres embarcadas a última hora, el 9 de abril. En total, al menos 434,5 toneladas de carga militar a bordo. ¿Era inocente el *Lusitania*?

Por si estas sombras dejaran aún lugar a dudas de lo que era el *Lusitania* y la legitimidad de un posible ataque sobre él, en octubre de 1914, el almirantazgo había distribuido instrucciones a sus buques mercantes sugiriéndoles borrar del casco el puerto de registro, utilizar banderas neutrales y embestir a todo submarino que fuera avistado. Estas instrucciones, capturadas por el sumergible alemán U-21 a bordo del *Ben Cruachan*, dieron a los submarinistas una idea de lo que podían esperar si respetaban escrupulosamente las reglas de crucero, en especial desde que sus imaginativos enemigos pusieron en servicio los buques trampa o buques-Q, en apariencia inofensivos mercantes, inmejorables candidatos para las reglas de crucero, pero, en realidad, enmascarando que iban armados hasta los dientes, a la espera de que un incauto sumergible emergiera cerca de ellos para echarlo a pique en un santiamén. En febrero de 1915 el gobierno alemán tuvo que declarar las aguas alrededor de Gran Bretaña e Irlanda como zona de guerra: aquellas a las que ahora se dirigía veloz el *Lusitania*.

Todavía se puede encontrar un cuarto argumento, que, lejos de atentar contra la «inocencia» del *Lusitania*, apunta directamente, como sospechoso, al propio almirantazgo inglés: el buque de escolta que debía aguardar al transatlántico al sur de Irlanda era el viejo crucero *Juno*; pero, basándose en que era un barco que reproducía el mismo y vulnerable tipo de los tres que, el otoño anterior, habían sido hundidos por el sumergible alemán U-9 con gran pérdida de vidas frente a la costa holandesa (conocidos como el «Escuadrón del Cebo Vivo»), recibió orden de replegarse a la cercana base de Queenstown.

De esta forma, tenemos sobre el papel un gran y veloz transatlántico, financiado y catalogado como crucero auxiliar por la Armada, y con un importante cargamento de munición a bordo, que se utiliza para mantener operativo el servicio de pasajeros civiles entre Estados Unidos e Inglaterra en plena guerra al que se retira a última hora la escolta que debía acompañarlo para internarse en las peligrosas aguas en torno a las islas británicas, infestadas de submarinos enemigos. Más que extrañarnos del hecho de que fuera hundido, al sentido común habría debido asombrar que llegara indemne a destino. Como, evidentemente, no llegó, los alaridos aliados se escucharon de uno a otro lado del Atlántico, calificando el hecho como: «Un acto por el que un bárbaro se ruborizaría, un turco se avergonzaría y un pirata de la Costa Bárbara se disculparía». Permitiéndonos dudar sobre el último punto, en el que los españoles estuvimos muy bregados por cierta familia Barbarroja, cuando al fin se aclararon los humos de la guerra y las cabezas recuperaron la serenidad perdida por un conflicto de aquellas dimensiones trágicas, a nadie pudo sorprender el fin del *Lusitania*, llegándose, por el contrario, a pensar que lejos de haberse cometido con él una imprudencia colosal, fue una mente maquiavélica la que escogió al transatlántico y sus pasajeros (viajaban en él 197 estadounidenses, de los que perdieron la vida 128) como víctima propiciatoria para obligar a Estados Unidos a entrar en el conflicto del lado británico. Y, a continuación, se empezó a buscar el culpable de esta catástrofe anunciada.

HISTORIA DE UN BARCO Y UNA ENREVESADA CONSPIRACIÓN

Nacido en plena época de rivalidad colonial y comercial, el *Lusitania* era una máquina ostentosa en la que no se reparó en gastos con tal de conseguir un nudo más de velocidad. En su momento –primera década del siglo XX– el rival que batir era el transatlántico alemán *Kaiser Wilhelm II* que, con treinta y ocho mil caballos de potencia, alcanzaba los veintitrés nudos; sólo para presumir de veinticuatro, el *Lusitania* tuvo que llegar a los sesenta y ocho mil caballos. Cuando hizo su primera travesía, en septiembre de 1907, era la sensación, pero después de la guerra –y especialmente al llegar la gran depresión de los años treinta– su gemelo *Mauretania* ocasionaba tales gastos a la Cunard que fue preciso jubilarlo. En poco más de veinte años el «galgo de los mares» se había transformado en una máquina ineficiente y excesivamente despilfarradora. Como se habría dicho hablando de un vehículo, un viejo trasto que gastaba mucho.

Sin embargo, esto quedaba aún muy lejos en los días en que ambos se botaron para «sprintar» sobre los mares. Eran contrarrelojistas natos. Su larguísimo casco (doscientos cuarenta y un metros) sólo tenía veintisiete metros de manga, pero sus cuatro salas de máquinas alojaban veinticinco calderas con ciento veintinueve hogares que, con un consumo de mil toneladas diarias de carbón, debían hacer posible que el *Lusitania* cruzara el Atlántico a casi cuarenta y cinco kilómetros por hora. Como, además, tenía que transportar dos millares de pasajeros, el diseñador, Leonard Peskett, no tuvo otro remedio que hacer un barco muy alto, realzado todavía más con las cuatro imponentes chimeneas. Este esbelto casco negro, dividido en ciento diecinueve compartimentos y coronado por las cuatro chimeneas rojas, era no sólo una silueta reconocible por cualquier marino del mundo, sino también la misma estampa, el sello y emblema de la compañía Cunard.

En 1907, casi cinco años antes que el *Titanic*, este «Fórmula 1» quedó al fin listo para su viaje inaugural de Liverpool a Nueva York. Más de doscientas mil personas acudieron a despedirlo, y en destino de esta prudente travesía de prueba también esperaba una llegada triunfal en olor de multitud. Al siguiente viaje, al fin, se lo tomaron en serio, y el *Lusitania* respondió a expectativas dando de sí lo que de él se esperaba, es decir, hacer la travesía atlántica en menos de cinco días a más de

Gemelo del *Lusitania*, el *Mauretania* sobrevivió a la guerra pero no a la crisis económica de los años veinte, que lo remitió directamente al desguace. El consumo de su aparato motor era absolutamente inabordable incluso para una compañía de bandera como la Cunard, que tuvo que vivir esta situación de retirar buques célebres por su falta de rentabilidad varias veces a lo largo del siglo XX.

veinticuatro nudos de media, logrando para la Cunard la codiciada Cinta Azul. Volvería a repetirlo otras dos veces en años sucesivos, en los que este barco y su gemelo *Mauretania* se convirtieron en los favoritos para atravesar el Atlántico, lujosos y veloces «palacios flotantes» a los que rivales más modernos como el *Titanic* sólo podían pretender imitar, mas nunca superar. En otras palabras, el *Lusitania* y sus hermanos, con permiso de los recalcitrantes paquebotes alemanes del káiser –siempre dispuestos a luchar caballerosamente por la Cinta Azul al barco más rápido del Atlántico– eran los reyes, auténticos soberanos metálicos y vaporosos de este océano. Fue tan sólo un poco más de un lustro, siete años, pero saturados de gloria, orgullo, triunfo y espectáculo; también, cómo no, vanidad, presunción y ostentación. Después de llegar tan alto, el veterano «*Lusi*» –como se le conocía– afrontó la inevitable decadencia con el inicio del conflicto.

Durante el singular episodio del armado como crucero auxiliar y desarme posterior su capitán debió ser Daniel *Paddy* Dow, que solicitó a la compañía el desembarco por motivos personales; al parecer, sus nervios no aguantaban el nuevo rol como buque de guerra que el *Lusitania* tendría que adoptar. Booth nombró para reemplazarlo a un veterano, William T. Turner, también conocido como *Bowler Bill*

–Guillermito el Tirabolos– por el sombrero de bolera que lucía a veces, incluso en el puente de mando. Un marino sobrio, duro y discreto, poco aficionado a los convencionalismos sociales, que no reclamaría protagonismo si todo iba bien pero que tampoco protestaría ni eludiría responsabilidades si el *Lusi* daba un mal paso, por estrepitoso que este fuera. En el mundo de Turner, como en el de los viejos entrenadores de fútbol, si se ganaba, el premio era conservar el puesto, pero, en caso de perder, perdías todo, mando, empleo y reputación en el mismo paquete. Jamás se desviaban responsabilidades hacia aquel que te había nombrado. Había mandado el *Mauretania*, y, más recientemente, el *Transylvania*, con el que entró en Cork, puerto del sur de Irlanda, para ponerse a buen recaudo de los submarinos. Ahora, Bowler Bill debía confiar en la velocidad del *Lusi*, su pericia, buena suerte y la capacidad de la Royal Navy para protegerle a él y su barco. La posteridad, sin embargo, llegaría a sospechar que una trama muy perversa podía estarse tejiendo en torno al *Lusitania*, de la que él mismo formaría parte sin saberlo, puesto que su elección parece singularmente atinada.

Hoy se nos dice que en los días en que el transatlántico zarpó para su último viaje, el almirante Fisher y Winston Churchill organizaron una reunión con la Inteligencia Naval para valorar las consecuencias del hundimiento de un barco de pasajeros con estadounidenses a bordo; que el embajador estadounidense escribió una carta a la patria preguntándose acerca de la actitud de Estados Unidos si pasajeros estadounidenses perdían la vida por naufragio en el Atlántico; y, por último, que cuando el enviado del presidente Wilson visitó al rey Jorge V, este llegó a preguntarle acerca de la actitud de Estados Unidos si los alemanes hundían el *Lusitania*. La elección de un capitán cómodo y eficiente, así como la serie de hechos que se exponen a continuación son piezas de rompecabezas que van encajando perfectamente. Incluso se diría, tal vez, de forma demasiado perfecta.

El resoplante *Lusi* llegó a Nueva York el 24 de abril de 1915, y enseguida comenzó el carboneo y embarque de la carga civil, militar y de contrabando, que de todo hubo, como sabemos. Tardó seis días en este complicado proceso, metiendo a bordo alrededor de seis mil toneladas de carbón, todo el contrabando ya conocido, 1.639 lingotes de cobre, 3.863 paquetes de queso, 696 botes de mantequilla, 33 cajas de pieles y un largo etcétera de un manifiesto de más de veinte páginas. En total, iban a bordo 1.959 personas, a pesar del aviso que un sensato alemán,

El capitán del *Lusitania*, William Turner, conocido como *Bowler Bill*, era un veterano de la ruta del Atlántico. Su actuación fue impecable incluso en el naufragio; no entraba en su mentalidad victoriana denunciar las arbitrariedades a que fue sometido, por lo que cargó injustamente con todas las culpas, lo que arruinaría su carrera.

el señor George Viereck –editor del periódico *The Fatherland*– había publicado en cincuenta tabloides el 23 de abril, y que decía:

> Los pasajeros que se dispongan a embarcar para la travesía del Atlántico deben tener presente el estado de guerra existente entre Alemania y Gran Bretaña; la zona de guerra incluye las aguas adyacentes a las islas británicas; los barcos que icen bandera inglesa o de cualquiera de sus aliados están expuestos a la destrucción en estas aguas, y los viajeros que naveguen en la zona de guerra en barcos británicos o de sus aliados están expuestos a las consecuencias.

El aviso, haciendo bueno el dicho de que «el que avisa no es traidor», no fanfarroneaba, ni mucho menos. Nada más iniciarse la guerra, el sumergible alemán U-15 había sido hundido por el crucero inglés *Birmingham*, pero luego el que sería famoso comandante Hersing, con el U-21, echó a pique el crucero inglés *Pathfinder*; inmediatamente después sacudió a Gran Bretaña el triple torpedeamiento de los cruceros *Aboukir*, *Hogue* y *Cressy* por el U-9 de Weddingen con escalofriante número de víctimas, en septiembre del 14. El nuevo año trajo el hundimiento de tres mercantes por el U-21 de acuerdo con las reglas de crucero, frente a la costa de Lancashire, y en febrero entraban en servicio, sin más tardanza, los buques-Q o buques trampa, mientras el gobierno alemán declaraba las aguas en torno a Gran Bretaña zona de guerra. A finales de marzo, el U-28, intentando respetar escrupulosamente las reglas de crucero, se veía finalmente obligado a torpedear el *Fabala* cuando apareció un carguero armado inglés. Había estadounidenses a bordo, y la prensa de este país reaccionó con furia. Cuando el *Lusitania* zarpaba de Nueva York el 1 de abril de 1915, al otro lado del Atlántico, en aguas inglesas, operaban tres sumergibles alemanes con la misión de interceptar grandes transportes de tropas, y uno de ellos, el U-30, torpedeó al petrolero estadounidense *Gulflight*, tres de cuyos tripulantes resultaron muertos.

A la vista del recrudecimiento de la actividad bélica submarina, la acción de Viereck, aprobada por el agregado naval alemán en Washington, capitán Franz Von Papen, aparece como lógica y preventiva, en evitación de que ciudadanos estadounidenses pudieran perder la vida. Pero aquel acto fue literalmente sepultado por la exhibición británica de seguridad; Turner respondía a los pasajeros que la mejor seguridad de su barco –aparte de la velocidad, que lo convertía en inaccesible para los sumergibles– era la propia Royal Navy. Con la perspectiva que da el paso del tiempo, no se puede menos que lamentar que incautos estadounidenses acabaran sacando pasaje en el *Lusi*, teniendo como tenían, listo para hacer el mismo viaje y casi vacío, cerca del muelle sesenta y dos que ocupaba el *Lusitania*, el transatlántico estadounidense *New York*, que arribaría a Inglaterra sin incidente alguno. Sin embargo, aquel primero de mayo, las cosas no estaban tan claras en los tinglados de embarque de Manhattan, y todo parecía un tira y afloja para embarcar en el buque inglés cuantos más pasajeros, mejor, demostrando así que, a pesar de los «bribones» alemanes, los británicos tenían todo controlado en el Atlántico. El alarde, por no decir arrogancia, como todos los de su género, saldría al final muy caro.

En esta ocasión, los rumores de muelle se mostraron más atinados que la publicidad institucional; el *Lusitania* no pudo conseguir en Nueva York más que ochenta y tres fogoneros, suficientes tan sólo para tres salas de máquinas, por lo que seis de las veinticinco calderas no se podrían utilizar. La cacareada velocidad máxima quedaba así con un primer «recorte» a veintiún nudos, y seguiría reduciéndose, puesto que el *Lusi* fue enviado al abismo navegando a quince. La primera baza de Bowler Bill quedaba así desmantelada, y pronto veremos lo que sucedió con la segunda, su maravillosa Royal Navy. Los primeros días de travesía se desarrollaron tranquilamente, dando a los pasajeros una engañosa impresión de que nada había de suceder. Incluso se desautorizó a un juicioso caballero que propuso hacer un ejercicio de abandono del buque: se le mandó callar en atención a las damas. Mientras tanto, el 5 de mayo, a primera hora de la mañana, tenía lugar una nueva reunión en el Almirantazgo; Fisher y Churchill observaron cómo dos submarinos, el U-30, de vuelta a casa, y el U-20, eran punteados alrededor de Irlanda, este último en las proximidades del Fastnet, al sur, punto de recalada por el que habría de pasar el *Lusitania* dos días después rumbo a Liverpool. A fin de escoltarlo, el Almirantazgo había dispuesto allí al viejo crucero *Juno*, a la espera. El primer lord del mar fue entonces informado de que se trataba de un modelo parecido a los tres echados a pique por el U-9 en septiembre del año anterior; en presencia del submarino, se le ordenó retirarse a Queenstown. Se propuso enviar *destroyers* desde Milford Haven –en la boca occidental del Solent– para sustituirle; pero no se hizo. Tampoco se ordenó avisar al *Lusitania* de que, sobre el lugar de recalada, estaría solo, y con un sumergible enemigo presente, dejándole así al albur. ¿Increíble?

Es evidente que lo que debería haberse hecho es retirar al *Juno* y enviar un par de destructores al encuentro del *Lusi* para que lo desviaran a otro de punto de recalada, como, por ejemplo, las islas Scilly. Pero nada de esto se hizo. Tampoco se dieron instrucciones de mandar algún tipo de escolta al transatlántico o proporcionarle protección por parte del vicealmirante sir Henry Coke, del destacamento naval de Queenstown, en Irlanda (hoy Cobh). Colin Simpson cuenta que el comandante Kenworthy, de la Inteligencia Naval y presente en la reunión, salió contrariado por el «cinismo de sus superiores». Años después escribió un libro en que acusaba de haber enviado deliberadamente al *Lusitania* a través de la derrota del submarino. Esta edición fue censurada por el Almirantazgo. ¿La última pieza de un rompecabezas perfecto? El caso es que Turner, sin su velocidad, privado de su escolta, y sin armamento alguno con el que defenderse, navegaba sin sospecharlo a un matadero que costaría la vida a 1.198 personas.

El verdugo o matarife asignado a esta lamentable conspiración era el *kapitänleutnant* Walter Schwieger; había zarpado de Wilhemshaven el 30 de abril, y el día 5 por la tarde llegó a las inmediaciones del faro del Fastnet. Estableció un rumbo de patrulla a unas veinte millas de la costa irlandesa, detuvo y echó a pique un *schooner*, pero al anochecer, se le escapó otro barco a doce millas del Viejo Morro de Kinsale. Coke constató así la presencia de un nuevo «depredador» en su área, cuya presencia ya era conocida desde el día anterior en el Almirantazgo, como sabemos. La mejor forma que tenía de hacer algo por el *Lusi* era avisarle; así que, a las 19:50 del día 6, llegó el siguiente radio al transatlántico, procedente de Queenstown: «Submarinos activos en la costa sur de Irlanda».

Puede que una minúscula gota de sudor perlara entonces la frente de Bowler Bill; ¿qué podía hacer él? Ignorante de que el *Juno* había sido enviado a Queenstown, tenía la obligación de acudir a la cita, pues no estaba autorizado a desviarse sin órdenes específicas. Desde luego que un Nelson, en aquel momento, habría mandado al diablo al Almirantazgo, a Queenstown y al *Juno*, y se habría internado con el *Lusitania* a toda máquina en el océano Atlántico aun a riesgo de perder el cargo. Si lo hubiera hecho, el capitán Turner puede que hubiera dejado de serlo, pero seguramente el *Lusi* se habría salvado de la letal tela de araña tejida contra él. Pero Bowler Bill había sido cuidadosamente escogido, y probablemente jamás se le pasó por la cabeza algo semejante. Sabemos, no obstante, que era plenamente consciente del peligro que corría, puesto que tomó cuantas medidas estaban en su mano: redujo la velocidad para recalar de noche en el Fastnet –en efecto, llegaría a las 02:10–, con lo que los submarinos no podrían descubrirle hasta las horas del alba, cuando ya se hallara cerca de Queenstown o con la escolta del *Juno*; entonces, zigzaguearía de forma intempestiva para dificultar un posible avistamiento. También mandó sacar las lanchas salvavidas de sus calzos, probar y engrasar los pescantes, retirar las lonas antilluvia y pertrecharlas con ropa y provisiones, prosiguiendo así su fatal derrota al encuentro del destino.

Por su parte, el comandante Schwieger emergió en la madrugada del 7 para recargar baterías con los motores diésel del U-20. La noche era desapacible, cerrada en niebla y con mar gruesa en el canal de San Jorge; aparte del malestar y depresión que brinda a un marino un panorama semejante, Schwieger constató el peligro, pues a cada momento podía surgir del telón algodonoso un patrullero o un pesquero armado y mandarles a pique en un santiamén. Se sumergió en cuanto pudo. En aquel mismo momento, el *Lusitania*, con Turner literalmente atornillado al puente –algo debía de olerse– remataba su aproximación al sur de Irlanda al encuentro del *Juno*. Este crucero, en efecto, se hallaba en las inmediaciones, y el fuerte batir de sus hélices pasando sobre ellos fue lo siguiente que escucharon, estremecidos, los tripulantes del U-20. Finalmente, se alejó, camino de Queenstown, dejando literalmente en la estacada al *Lusitania* por orden superior. Entonces Schwieger ascendió a cota periscópica para echar un vistazo. Vio la popa y la humareda del *Juno* alejándose a toda velocidad; también se dio cuenta de que la niebla era menos espesa, decidiendo recuperar el camino de regreso a la patria en superficie. Pero, en aquel preciso momento, surgiendo de la niebla como Pegaso del Olimpo, apareció un enorme objeto coronado de palos y envuelto en humo. Se preguntó qué buque sería aquel enorme vapor; aunque sólo le quedaban dos viejos torpedos de bronce, como su objetivo eran los transportes de tropas decidió atacarlo. El buque se escapaba irremediablemente, pero de pronto, a unas dos millas, cambió su rumbo zigzagueante, dirigiéndose, sin sospecharlo siquiera, hacia donde el U-20 flotaba entre dos aguas. Aunque Schwieger aún no lo sabía, era el *Lusitania* buscando ansiosamente al escurridizo *Juno*.

Poco antes, a las 11:02, en el puente del *Lusitania* se había recibido un mensaje en código MFA ordenando dirigirse a Queenstown; procedía del almirante Coke, y no estaba dirigido a él, sino al remolcador *Hellespont*, situado en las proximidades. Sin embargo, Turner lo tomó como

El verdugo final del *Lusitania*, el submarino alemán U-20, próximo a su final embarrancado en la costa danesa. El transatlántico era presa natural de este depredador; lo que se debe valorar en profundidad es quién permitió que quedara a su alcance y por qué. Es decir, qué se esperaba conseguir a cambio del sacrificio del transatlántico.

propio, y parece ser que su último cambio de rumbo, que lo puso al alcance de los torpedos del U-20, se efectuó para cumplir con esta orden. En el juicio, Bowler Bill lo juró y perjuró hasta quedar exhausto. De esta forma, lo que situó al transatlántico literalmente con la cabeza en el patíbulo habría sido un error de interpretación de un mensaje del Destacamento Naval de Queenstown. No cabe mayor fatalidad.

El caso es que Schwieger, ignorante de todos estos extremos, se disponía a cumplir su papel con decisión. El *Lusi*, avistado a las 13:20, quedó a las 14:00 a unos quinientos metros del U-20, cuyo visor del periscopio debía ocupar por completo como una enorme mancha negra. Entonces Schwieger disparó. A tan corta distancia y sobre un blanco tan grande, no podía fallar. En el puente del transatlántico acababan de marcar el Viejo Morro de Kinsale para dar curso definitivo a puerto: Queenstown, y, con él, la salvación, distante tan sólo veinticinco millas, cuando el vigía dio aviso de torpedo por estribor. Acto seguido, se sintió una fuerte explosión a la altura del puente, delante de la primera chimenea. El torpedo rompió un compartimento inferior y el mamparo longitudinal, inundándose la carbonera de reserva. El buque quedó muy comprometido y hocicado de proa, escorado quince grados a estribor, cuando, inmediatamente después, hubo otra explosión mucho más fuerte, en el pantoque de proa del *Lusitania*: sospechosamente próxima a la bodega donde viajaba todo el «contrabando», es decir, las municiones. Esta explosión interna debió desfondar la aparadura, y, aunque el mamparo de la sala de máquinas número uno aguantó, la inmediata inundación de las carboneras longitudinales sería suficiente para sumergir el buque por la proa. Los buzos localizarían después pedazos de la estructura interna diseminados por el fondo, demostrando que fue la segunda explosión la que echó a pique el buque.

En medio de esta inmensa crisis, Bowler Bill estuvo magnífico. Vio el torpedo llegar, sintió el impacto y trató de hacerse cargo de los daños. La segunda explosión provocó que la cubierta de proa se hundiera en el agua, momento en el que Turner ordenó preparar el abandono del buque. Conforme se iba sumergiendo de proa la escora aumentaba, pero el capitán tuvo aún fe suficiente en su barco como para intentar vararlo en la costa, visible sólo a doce millas (con su calado, el *Lusitania* seguramente tocaría fondo a una o dos millas de tierra). Sin embargo, cuando intentaron gobernar, el timón no obedeció; Turner debió de caer entonces en la cuenta de que la pala debía de estar ya fuera del agua. Entretanto, el agua seguía entrando en el casco, inundando las cubiertas E y D. Visto lo cual, Turner ordenó el abandono definitivo. El contramaestre apareció entonces en el puente, anunciando una escora de veinticinco grados. Bowler Bill le replicó que, en ese caso, se pusiera a salvo, y allí quedó, solo, en el puente, esperando que el fin de su amado buque se materializara. Con sondas en aquel lugar de apenas un centenar de metros, cuando las hélices salieron del agua la proa tocó fondo, dando así un brevísimo respiro a la atribulada tripulación, y, especialmente, al aterrorizado pasaje, pues el buque tardó menos de veinte minutos en irse a pique.

Cuando un buque es alcanzado por un torpedo y muestra tan graves daños, es inevitable que se desate el pánico. La evacuación del *Lusitania* fue especialmente difícil por dos motivos: la brevedad del siniestro y la propia configuración del buque, largo y alto, la cual provocó que un pequeño ángulo de escora hiciera complicadísima la botadura de las embarcaciones salvavidas. A diferencia del precedente *Titanic*, el *Lusitania* llevaba embarcaciones de salvamento de sobra, cuarenta y ocho en total, veintidós lanchas de madera de cinco toneladas cada una y veintiséis de lona, con capacidad de sesenta personas por unidad (unas tres mil plazas en total). Sin embargo, como *siempre* sucede en cualquier naufragio, una cosa es tener una lancha salvavidas y otra muy diferente ponerla a flote con todos los náufragos a salvo dentro.

El tercer oficial Bestic aprendería esta durísima lección en una pesadilla de apenas un cuarto de hora que, sin embargo, le marcaría para toda su vida. Botando las lanchas de babor, por lo menos cinco veces, y en diferentes circunstancias, vio las diferentes lanchas llenas de pasajeros caer sobre la cubierta de botes, deslizarse como siniestros trineos por el tobogán en el que se había convertido el *Lusitania* y estrellarse contra el puente de mando, aplastando a otros muchos pasajeros, en un caos irrefrenable. En otra estación, el oficial Anderson logró que, separando los ocupantes la lancha del costado con los remos, bajaran al nivel de Promenade, sólo para ver cómo allí fallaba el pescante de proa y la embarcación caía al agua de punta y se hundía. A los supervivientes les cayó otra lancha encima que también se fue a pique. El abandono del buque por la banda de babor quedó transformado en un sangriento desastre. Por la otra banda, el problema era que las lanchas quedaban tan lejos del barco (unos tres metros) que no se podía subir a ellas. Sin embargo, con excepción de algún estrepitoso vuelco, la tripulación se las ingenió para poner al menos la mitad de ellas en el agua correctamente, con todos sus pasajeros a bordo.

El acto final se aproximaba. Apoyando el pie de roda sobre el lecho marino, el inmenso *Lusitania* se dispuso a la última pirueta pivotando mientras se hundía y escoraba a estribor. La presión hidrostática rompió al fin los mamparos de las salas de máquinas reventando la caldera número tres, lo que produjo el espectacular derrumbamiento de la tercera chimenea. En medio de aquel desastre, Bowler Bill permaneció impertérrito en su puente de mando, ahora envuelto por un espeso humo blanco. Cuando este se disipó, dejando una pequeña flotilla de seis embarcaciones sobre la mar y cientos de náufragos a nado (que encontraron caliente el agua; prodigios de la corriente del Golfo), el *Lusitania* ya no estaba. Pero, milagrosamente, a sus sesenta años, el capitán Turner sí, nadando entre los demás. Entre los desaparecidos contaron el empresario teatral Charles Frohman, y el magnate Alfred Vanderbilt, que le había dicho a Bestic: «¿Por qué temor a la muerte? Es el viaje más bello de la vida».

Si en el naufragio del *Titanic* tuvo un desafortunadísimo papel el *Californian*, al *Lusitania* tampoco le faltaría un secundario mirón que no fue otro que el crucero *Juno*. Incapacitado por órdenes de prestar escolta o algún tipo de ayuda al transatlántico siniestrado, a pesar de hallarse a sólo veinte millas, en Queenstown, cuando el diligente almirante Coke captó el SOS que emitió el *Lusitania* a las 14:15 decidió mandarlo allí, puesto que aún estaba encendido, para rescatar a los náufragos. El *Juno* partió, y no había hecho más que llegar al lugar de los hechos cuando el almirante Fisher, desde el Almirantazgo (con oportunidad digna de mejor causa), decidió retirarlo inmediatamente para no repetir otro episodio del Escuadrón del Cebo Vivo; así que el comandante del crucero –que tampoco debía de parecerse mucho a Nelson– se marchó dejando a todos los supervivientes en el agua, los cuales tuvieron que esperar dos horas más a que alguien llegara a rescatarlos.

De hecho, muchos de ellos se pusieron a salvo por sí mismos, derivando hacia poniente con la marea, hacia las playas de Garrettstown Strand y el estero de Courtmacsherry. Detrás de los vivos, inevitablemente, irían llegando los cadáveres al área de Schull, Bantry y la costa de Kerry. Los «beachcombers» o buscadores de playa de las aldeas de la zona recogerían casi dos centenares de cadáveres. Aquí también hubo clases, pagándose por cada muerto una libra, dos por un estadounidense y hasta mil libras llegaron a ofrecerse por Alfred Vanderbilt. Se salvaron de este tremendo siniestro 761 personas.

A pesar de su artística pirueta, el *Lusitania*, como los gatos, cayó de pie. Quedó con una ligera escora a estribor sobre el fondo, en noventa y dos metros de agua, de forma que, en los días claros, los pescadores veían los mástiles bajo el agua. El Almirantazgo lo declaró zona reservada y prohibió la inmersión en él. Cuando al fin bajaron los buzos, había volcado a estribor, proa a Queenstown, el puerto que nunca alcanzó. Por su parte, el que acabara siendo instrumento de esta siniestra conspiración, Walter Schwieger, también descansa en el fondo del mar, desaparecido en combate con el U-88. En su parte de combate cuenta, no sin cierta pesadumbre, cómo, a tan corta distancia, vio las escenas de pánico a bordo del buque y la gente muriendo por docenas, sin poder hacer nada por ellos. Tuvo que calar el periscopio y alejarse en inmersión, hasta el día, no muy lejano, en que tal vez al fin logró descansar tranquilo. Otros, que provocaron el desastre, sin cargo de conciencia alguno por el *Lusitania* prosiguieron sus carreras, quedaron con méritos indudables para la historia, y gobernaron grandes naciones para ser recordados. Sus acreedores, las víctimas de uno de los más bellos *liners* que jamás cruzó los mares, tendrían que esperar a su muerte para pasarles factura.

LOS RESTOS DEL DESASTRE

El *Lusitania*, un buque de pasajeros destruido en tiempo de guerra, lo tuvo muy difícil para ser clemente con su tripulación y pasaje. Los apenas dieciocho minutos que duró su hundimiento fueron factor decisivo para que se produjera un número tan grande de víctimas. La nave, pues, tuvo un comportamiento cruel, pero los daños que sufrió fueron desproporcionados, como siempre que se utilizan medios militares para destruir unidades mercantes. Posiblemente habría resistido el impacto del viejo torpedo de bronce de Schwieger, puesto que las salas de máquinas quedaron indemnes y la escora, aun siendo muy notable, no era crítica y se habría podido contraescorar; la terrible explosión interna de las municiones que transportaba fue lo que provocó daños irreparables al casco, echándolo a pique.

La tripulación hizo lo poco que pudo en tales circunstancias, y el hecho de que lograran botar más de la mitad de las lanchas de babor habla en su favor. El pánico, sin embargo, dada la naturaleza del siniestro, fue la nota distintiva de la pérdida del *Lusitania*; las escenas, descritas por testigos presenciales, supervivientes, miembros de la tripulación, el propio Walter Schwieger o cronistas como Colin Simpson, verdaderamente escalofriantes. Cuando la gente trata de ponerse a salvo en estas condiciones sobre un buque con una grave pérdida de estabilidad lo habitual es que todo degenere en masacre, con centenares de muertos.

Uno de los aspectos más negros de la pérdida del *Lusitania* fue la ayuda que recibió del exterior. A pesar de estar cerca de tierra y un destacamento naval de la Royal Navy, muchos náufragos tuvieron que alcanzar tierra por sus propios medios, lo cual es una auténtica vergüenza. La retirada del *Juno* cuando Coke confiaba en él como único medio de rescate de supervivientes debería haber sido considerada por el anciano Fisher antes de tomar una decisión tan precipitada como la que tomó, que subraya la auténtica fiebre antisubmarina que había desatado entre los lores del Almirantazgo –más en los de mayor edad– el episodio del Escuadrón del Cebo Vivo, condicionando las decisiones de los altos

El capitán Walter Schwieger con la tripulación del U-20; lejos de considerar el hundimiento del *Lusitania* hazaña de gran mérito, Schwieger, que pudo contemplar por el periscopio los terribles momentos finales del *liner,* lo tomó como una circunstancia más del cumplimiento del deber.

mandos de la Armada incluso en batallas de gran trascendencia como la de Jutlandia. Suspenso absoluto, pues, para la ayuda que recibieron los náufragos del *Lusi*.

En este caso, y como se ha ido descubriendo a lo largo de un siglo por diferentes investigadores, más que hablar de errores o irresponsabilidades en el mando, hay que hablar de franca culpabilidad. Todo apunta a que el *Lusitania*, con casi dos centenares de estadounidenses a bordo, fue deliberadamente enviado a un área de gran peligro submarino para encontrarse con una escolta que previamente se retiró, de forma que quedara completamente indefenso y expuesto al peligro de un ataque cuyas consecuencias acabaran provocando la entrada en guerra de Estados Unidos. Cargar un buque lleno de pasajeros con material de guerra fue una irresponsabilidad criminal, que provocaría la pérdida última del buque. El banquillo tendría que haber sido aquí ocupado por autoridades británicas, por conspirar, y estadounidenses, por consentir. Pero, finalmente, el único que compareció ante la ley fue el capitán Turner.

Tras la muerte de más de un centenar de estadounidenses en el siniestro, el propio público británico exigiría de los estadounidenses su incorporación al conflicto. Pero no lo consiguieron. Woodrow Wilson, el presidente estadounidense, era un prudente catedrático de Historia que no metía un país en aventuras militares así como así. A cambio, en los sangrientos campos de batalla europeos, los soldados aliados se burlaban de él llamando un «Wilson» a una granada que no estallaba. Finalmente, Estados Unidos no entraría en la Primera Guerra Mundial hasta casi dos años después, cuando los alemanes declararon la ofensiva submarina sin restricciones. Tras el hundimiento del *Lusitania*, Wilson les amenazó muy seriamente, logrando que la Armada alemana prohibiera a sus sumergibles atacar los transatlánticos de pasajeros, dándose por satisfecho con ello. Así que la canalla y absurda conspiración británica contra los ciudadanos estadounidenses, pero, sobre todo, contra sus propios ciudadanos y marinos, resultó completamente inútil. El sacrificio del *Lusitania* fue tan estéril como de incalificable catalogación.

Alguien tenía que pagar el pato, y, como supondrán, le tocó a Bowler Bill. El fiscal que incoó el interrogatorio por el hundimiento del *Titanic*, lord Mersey, fue nombrado también para este caso, y, alentado por el Almirantazgo, sentó en el banquillo al capitán del *Lusitania*, declarándole culpable de ¡desobedecer las órdenes! Ojalá lo hubiera hecho. Convertido en una especie de apestado, repudiado por su mujer y sus hijos, Bowler Bill tal vez decidiera sacrificarse por su país con el mismo estoico heroísmo con el que había permanecido en el puente del *Lusitania* moribundo. Se equivocaba, pues su sacrificio sólo servía para salvar el trasero de algunos dirigentes con responsabilidades criminales. La maraña que tuvo que tejer el Almirantazgo para sepultar todo el caso bajo toneladas de mentiras y tergiversaciones fue tal que el propio lord Mersey acabó harto, decidiendo no ensañarse con el capitán Turner, que, a pesar de los cargos, escapó no del todo mal librado. Años después, Mersey confesaría al que quiso escuchar que el caso *Lusitania* era «un asunto sucio».

En efecto, lo era, y la prueba, tan grande como el propio transatlántico hundido a doce millas del Viejo Morro de Kinsale. En vez de caer en manos del CSI, como el *Titanic*, al *Lusitania* los buzos le sacaron las hélices y diversos objetos, y, finalmente, todo aquel «escenario del crimen» fue torpedeado y bombardeado a conciencia por la Royal Navy en maniobras para no dejar allí nada que utilizar como evidencia. En los años sesenta, la propietaria de los restos era la aseguradora de siniestros navales

Liverpool y London, que acabó por vender los derechos a un buzo llamado John Light por mil quinientos euros. En 1968, el multimillonario estadounidense Gregg Bemis, propietario de la Cunard, compró los restos, pero tuvo que esperar a 2007 para que el Tribunal Supremo de Dublín (Irlanda) le permitiera organizar una expedición de gran cobertura mediática. Curiosamente, a la vez que Bemis, pujó por el pecio del *Lusitania* el Servicio Secreto Británico, que al final renunció por falta de presupuesto. Desde entonces ¿han visto ustedes algún documental, libro o informe acerca del *Lusitania*? El *Titanic* parece más interesante como inversión masiva. Pero, inevitablemente, la terrible verdad acerca de este transatlántico emergerá algún día.

Capítulo 3
A propósito del *Titanic* español
Accidente del *Príncipe de Asturias,* costa brasileña, marzo de 1916

EL PELIGRO DE NAVEGAR CERCA DE LA COSTA

Arrimar el barco a tierra y pegar contra una roca; ese ha sido, y será, el destino casi telúrico, la condena universal de cuantas naves navegan, a alguna de las cuales toca pagar por las demás la cuenta pendiente por la exhibición de audacia al eludir los peligros y llegar con bien a puerto. De vez en cuando, uno tiene que abonar este precio, satisfaciendo así al misterioso, encontradizo e implacable dios que vela en la frontera entre la tierra y las aguas. Un día, una noche, se verifica el cruento sacrificio, y, tras la penosa recogida de víctimas, la divinidad perversa queda saciada, y ya no vuelve a molestar hasta la próxima ocasión.

Muchos fueron los ángeles de la guarda, querubines y sirenas que, desde lo más lejano de los tiempos, vigilaron para que las frágiles naves no acabaran chocando contra los traidores escollos. Se dice que los delfines sólo juegan en las proas de los barcos afortunados cuando no existe piedra alguna en su camino. Únicamente aquellos que, por uno u otro motivo, se han visto obligados a buscar de noche, en plena oscuridad, un roquedal de la costa por cualquier causa saben, y conocen, la agudeza del aguijón que se clava en la boca del estómago cuando hay que prescindir de ángeles, querubines y sirenas –que nunca están cuando más falta hace– y es preciso afrontar, a golpe de sonda, instinto, ansiedad y adrenalina una situación como esta. Y el alivio cuando, al fin, hallado el objeto en la pantalla del radar o marcado en el *plotter* del navegador GPS podemos, libres ya de trabas, ataduras y angustias malditas, poner proa hacia aguas limpias, mar abierto, casi sintiendo en nuestra espalda el arañazo de las garras del dios de los escollos cerrándose sin su presa. ¡Uf! Por poco. Quién sabe: hasta la próxima. El casco y la aparadura de nuestro buen barco permanecerán intactos, y eso, después de lo pasado, es sin duda la mejor de las recompensas.

Pues sí; gobernar en la noche, la oscuridad o las tinieblas tiene cosas como estas, y aún peores. Hoy podemos contar con aparatos electrónicos de detección y posicionamiento, navegación y balizaje, para no chocar contra las rocas, pero también para que otros vean y juzguen desde un sillón, despiadados, lo mal que lo hacemos o las carencias del ser humano cuando ha de tomar decisiones sometido a presión. Pues el riesgo, y también el miedo irracional, siguen ahí. El peligro habita fuera, donde ha estado siempre desde tiempos inmemoriales, cuando la palabra radar sonaba a chino, GPS a sopa de letras y «navegador por satélite» sólo podía ser un marciano, pues su función ya estaba a bordo asumida por un señor canoso, fumador y malencarado conocido por «el piloto», o, en las embarcaciones más elegantes, oficial de derrota. Sin embargo, el responsable máximo seguía siendo, como hoy en día, el capitán. El del transatlántico español *Príncipe de Asturias*, perteneciente a la naviera Pinillos, era, aquella madrugada del 5 de marzo de 1916, don José Lotina, en una situación tan engañosa como preñada de riesgos frente a la costa brasileña, tras haber realizado la completa travesía transatlántica.

Sin visibilidad, una estima añeja y casi seiscientas personas a bordo del buque transatlántico, trataba de dejar por el costado de estribor la isla de San Sebastián de la costa brasileña con su faro de recalada previo al puerto de Santos. Había moderado la velocidad, y cada vez cerraba más la niebla, obligándole a hacer señales acústicas con la sirena; por si algo faltara, también había efectuado dos caídas a babor, es decir, hacia fuera, para dar resguardo al punto de recalada. Como buen patrón, no podía dormir, y permanecía fuera, en el puente de mando, pendiente y alerta. Puede que presintiera lo que iba a suceder, la desgraciada y perdurable tragedia que ha llegado, como un eco para todos los marinos, hasta nuestros días, pues una mala suerte espeluznante esperaba agazapada

A pesar de ser conocido como el «*Titanic* español», nada más lejos del buque de la emigración española *Príncipe de Asturias*, mucho más modesto, pequeño y de clásico aparato propulsor (máquinas alternativas), aunque de bella estampa. Lo materializaron los astilleros escoceses por encargo de la naviera Pinillos.

para cebarse desproporcionadamente con uno de los mejores barcos de la flota española de principios de siglo XX: el suyo.

UNA PIEDRA EN EL CAMINO

Recuperada del marasmo decimonónico, la flota mercante española comenzaba a resurgir por entonces con pujanza, y ningún síntoma mejor de ello que la recuperación de la línea con Sudamérica y el Río de la Plata, precisamente el motivo que había movido a Pinillos a encargar la construcción, en astilleros escoceses, del *Príncipe de Asturias*, un hermoso barco de 8.371 toneladas de registro bruto botado en 1914 en Glasgow. A despecho de la Gran Guerra que acababa de declararse, el *Príncipe* y su gemelo *Infanta Isabel* estaban destinados a otra guerra, la comercial, contra un rival de primera fila, la Compañía Transatlántica, que, poco después, ponía en servicio los *Reina Victoria Eugenia* e *Infanta Isabel de Borbón*, de características ligeramente superiores y que, llegada la II República española, se acabarían denominando *Uruguay* y *Argentina*, deshaciéndose así el entuerto de nombres.

En el poco tiempo que estuvo en servicio, el *Príncipe* se demostró un barco excelente, capaz de satisfacer plenamente las esperanzas de sus armadores. Muy lejos, por supuesto, del gigantismo de los supertransatlánticos que hemos visto hasta ahora, tuvo sin embargo un final similar, pues sufrió el siniestro cuando ya había hecho casi toda su larga travesía, como el *Titanic*, y también el *Lusitania*; del mismo modo que estos, iba en aquel momento medio vacío, lo que no evitaría, tampoco en su caso, un elevado número de víctimas. También su final fue por «encuentro»: si al *Titanic* le esperaba el destino en forma de iceberg, y al *Lusitania* de submarino alemán, al desventurado *Príncipe de Asturias* le aguardaba el peor de los verdugos marinos, una piedra traidora y asesina que, a decir de los expertos, lo abrió de proa a popa como un cuchillo abre un pan, y se lo tragó en menos de cinco minutos. Un terrorífico final al que, desde luego, no se había hecho acreedor en absoluto.

Aparte de las antedichas, se han querido ver otras similitudes entre este transatlántico mediano y los supergigantes *Lusitania* y *Titanic*, como las evidentes, o sea, que transportaba viajeros y algunos de ellos eran significados personajes; pero lo cierto es que también había notables diferencias, que a ninguno desmerecía, respondiendo simplemente al tipo de tráfico al que estaban asignados. El *Príncipe de Asturias* tenía un tamaño apenas la tercera parte que aquellos gigantes, pues los puertos que debía frecuentar eran más pequeños, y de mucho menor calado, en especial el de Buenos Aires, en un Río de la Plata que es un laberinto de canales, bancos y bajos fondos incluso para el conocedor del estuario, pues cambian de sitio con la marea, y, a veces, de un día para otro. También su maquinaria era diferente: en vez de turbinas Parsons como el *Lusitania*, su gemelo y él llevaban clásicas, sencillas y fiables máquinas alternativas, que proporcionaban sólo ocho mil caballos de potencia, capaces, no obstante, de impulsar el buque a su velocidad comercial de dieciocho nudos. Una bonita foto de la época, tomada en el agua desde un buque menor, lo muestra por la amura de babor, avanzando resuelto y mostrando su alterosa estampa, con una gran superestructura central para los pasajeros, otra en la toldilla y su única y espigada chimenea con la cruz emblema de la Pinillos; silueta inevitablemente diferente de la de los grandes *liners* británicos, aun cuando su origen fuera el mismo.

Pero puede que, en realidad, la gran diferencia entre los grandes transatlánticos y el barco de Pinillos fuera que mientras que el *Lusitania* y el *Titanic* eran grandes vapores para que los pasajeros de la sociedad inglesa y estadounidense cruzaran el Atlántico, el *Príncipe* y su gemelo *Infanta Isabel* estaban básicamente concebidos para la emigración. El *Príncipe* podía llevar mil quinientos emigrantes en los entrepuentes, y menos de trescientos pasajeros alojados en varias clases con diferentes lujos a su disposición. Por supuesto que el *Titanic* y el *Lusitania* llevaban emigrantes, pero no fueron diseñados a este fin. El *Príncipe de Asturias* sí, por lo que no es erróneo decir que era bastante más humilde que los transatlánticos ingleses, lo que no tiene por qué ser demérito ni vergüenza. Sí lo eran, en aquella época, las condiciones en que viajaban estos emigrantes, y en especial a bordo de los barcos de la Pinillos, muy criticados por ello.

De hecho, aparte de los legales, es decir, la emigración que había pagado su pasaje, podían viajar en estos barcos centenares de personas clandestinamente. Estos polizones no tenían otra forma de pasar a bordo que sobornar a algún miembro de la tripulación, alojándose luego en los dobles fondos, lugares inhabitables e infectos donde morían muchos durante el viaje. Aun cuando se les descubriera, como no se había hecho previsión para ellos antes de salir, su alojamiento, comida e higiene dejaban necesariamente mucho que desear. Por ello, no resultaba extraño que muchos capitanes y tripulaciones, una vez navegando, si llegaban a saber de su presencia a bordo prefirieran ignorarla, manteniendo así a salvo despensas y reservas de agua que un normal humanitarismo habría obligado a esquilmar. Por los puertos en los que tocó, y la situación de guerra en Europa, no sería de extrañar que el *Príncipe de Asturias* llevara polizones en su último viaje. Puede incluso que fueran dos o tres centenares, pero parecen ciertamente exageradas las cifras de más de un millar –triplicando el número de tripulantes y pasajeros– que dan algunas fuentes, pues esta multitud tendría un consumo diario tan elevado que no sólo se habría descubierto su presencia, sino que probablemente habrían tenido que amotinarse para acceder al agua y víveres en tan larga travesía.

Los viajes del *Príncipe* se iniciaron durante el verano de 1914, poco antes de que diera comienzo la terrible contienda –Primera Guerra

Cubierta de proa y puente con amplias «bacaladas» (alerones) del *Príncipe de Asturias,* donde pueden apreciarse las características típicas de estos buques: cubiertas despejadas llenas de entoldadas, grandes ventiladores, confinados y pequeños espacios de superestructura.

Mundial– a la que el transatlántico no iba a sobrevivir, aunque no precisamente por motivos bélicos. Durante año y medio cubrió la travesía a Sudamérica satisfactoriamente en cinco diferentes ocasiones, siempre al mando del mismo capitán, José Lotina Abrisqueta, experto y perito marino de cuarenta y cuatro años con casi veinte de experiencia como capitán. Hábil e incluso con cierta inclinación al virtuosismo, era famoso en los puertos de América del Sur por la precisión de sus maniobras de atraque y desatraque, aunque en su compañía se le apreciara, ante todo ¡cómo no! por la puntualidad. Lotina había tenido el mando del *Príncipe de Asturias* prácticamente desde sus orígenes, por lo que conocía el buque, nuevo, al cien por cien. Para este su sexto y último viaje, llevó como primer y segundo oficial a Antonio Salazar y Rufino Onzain, de los que sólo escaparía con vida este último.

En la Barceloneta, donde estaba atracado, el vapor embarcó un curioso y heterogéneo cargamento, compuesto por cinco mil toneladas de mercancías, lingotes metálicos, un coche modelo Renault, veinte estatuas de bronce de casi una tonelada cada una para un monumento encargado por la colonia española en Argentina y se especula también que un cuantioso cargamento de oro en divisas para pagar las frecuentes importaciones de trigo que España estaba realizando, aunque esto último nunca haya podido ser confirmado. Como notables embarcaron el cónsul de Estados Unidos en Santos, varias familias de millonarios indianos, el pianista Sola Pujol, el periodista Mas Pi y algunas compañías de cómicos y variedades, dispuestos sus componentes a hacer fortuna al otro lado del océano. También debieron de subir a bordo en este puerto los polizones, si es que los hubo, especialmente los italianos que se rumoreaba huían de la guerra. De Barcelona partió el vapor el 17 de febrero, llegando a Valencia al día siguiente, el 21 a Cádiz y el 23 a Canarias. El 28, a las diez de la mañana, en un sorprendente encuentro en la mar, el *Príncipe de Asturias* se cruzó, de vuelta encontrada, precisamente con su gemelo, que regresaba a la Península, y desde el que se hizo la última foto conocida del buque, navegando velozmente y con los toldos dados, como si acudiera con prisa a una cita con el destino.

Esta había de materializarse, muchas millas después, en una bonita isla costera: la «Ilhabella» o de San Sebastián, que forma parte del tramo costero orientado casi hacia el sur que lleva los buques procedentes del punto cardinal contrario barajando la costa desde el cabo Frío para pasar frente al abra de la maravillosa bahía de Río de Janeiro, y proseguir hacia Santos, amplísimo puerto natural y lacustre de São Paulo, hoy la urbe más populosa de Brasil en competencia con la anterior. Pero, antes de recalar en el último puerto, sale al paso la mencionada isla, que queda enfrente de la localidad de San Sebastián; esta isla mira al continente con una bellísima franja de playas, formando un canal donde se practican, como en un paraíso natural, los deportes náuticos, mientras que al lado contrario, que da al Atlántico sur, ofrece una costa agreste, dura, y rocosa, en la que el único abrigo relativo es una cala significativamente denominada de los Castellanos. A muy escasa distancia queda la punta do Boi, precedida, milla y media antes, por la llamada punta Pirabura, donde recala el océano Atlántico con majestuosas olas que arbolan y rompen al contacto con los arrecifes. No era esto todo lo que escondía aquella madrugada la pequeña isla: según sabemos hoy, cerca de punta Pirabura la naturaleza ha querido colocar una gran veta geológica de uranio, elemento de la tabla periódica que tiene la malísima costumbre de desviar la aguja del compás. La zona también es famosa como sede de avistamientos ovni y celebración de rituales esotéricos, en los que tal vez los espíritus de los naufragios tengan oportunidad de manifestarse al mundo de los vivos.

Este lugar, idílico de día, se reveló siniestro en la oscuridad, tanto como para llegar a ser la tumba que, insospechadamente, esperaba al *Príncipe de Asturias*. El barco avanzaba hacia la medianoche con las cubiertas mojadas por los chubascos del día, que habían mantenido el cielo cubierto, impidiendo tomar la imprescindible meridiana con la que se habría podido corregir la estima y, seguramente, salvarlo. Pero, con aquellas condiciones, no quedaba otra que seguir a ciegas las indicaciones del compás, entrando ya bajo el influjo de la siniestra punta Pirabura. A las 03:00 de la madrugada desfogaban de nuevo los chubascos, reduciendo peligrosamente la visibilidad. El *Príncipe de Asturias* navegaba en demanda del faro de la isla de San Sebastián, débil luz que podía surgir de improviso de la noche entre la franja de bajas nubes. En el puente estaba de guardia el primero Salazar, pero Lotina, inquieto, no tardó en subir a acompañarle. Debía de sentir en las entrañas el aguijón de estar navegando rumbo a tierra sin saber dónde te encuentras, situación muy desagradable, más cuando se gobierna un barco con varios centenares de pasajeros a bordo. Sólo veinte minutos después, viendo que la luz no aparecía, el capitán mandó al telégrafo «atención a la máquina», y, después, «avante media», con lo que la velocidad del transatlántico se redujo de dieciséis a diez nudos. Sobre el alerón de estribor, Lotina trataba desesperadamente de ver el faro para la recalada, pero lo único que la siniestra naturaleza trajo en aquel momento fue un rayo deslumbrador que lo dejó a ciegas.

Continuar avanzando en aquellas condiciones, con la estima situando el buque tan sólo a ocho millas de la punta do Boi, era más que peligroso. A las 04:00 entró de guardia, en relevo de Salazar, el segundo Onzain, de veinticuatro años, hasta las 8:00 de la mañana, que nunca llegarían para el buque que tenía en aquel momento bajo los pies. Tan sólo dos minutos después, el capitán ordenó tocar con la sirena de niebla. Viendo que el maldito faro no aparecía, Lotina ordenó caer cinco grados a babor, y, poco después, otros cinco grados. Sin duda barruntaba que la punta no se hallaba cuarenta y cinco grados por la banda de estribor como señalaba la estima. Pero ¿dónde estaba? ¿Serían suficientes aquellos diez grados que apartó, instintivamente, al buque de tierra? Puede que si el capitán Lotina se hubiera dejado llevar completamente por su instinto metiendo cuarenta y cinco grados a babor, habría conservado la vida, su reputación y su carrera. Pero, delante de todos sus oficiales, en aquel momento, habría sido una insensatez, que no sólo se hubiera interpretado como pánico, sino puesto en evidencia su total desconfianza en la estima.

Sin embargo, en última instancia, era lo único que hubiera podido salvar al *Príncipe de Asturias* de su trágico final. Porque, a las 04:15, la famosa luz, la del faro de punta do Boi, apareció en la misma proa, a menos de una milla. El transatlántico se dirigía al desastre, y el capitán trató de evitarlo: puso en el telégrafo de máquinas «atrás toda», y ordenó todo a babor. Sólo dio tiempo a cerrar las puertas estancas antes de que el buque colisionara contra el arrecife de punta Pirabura, montándose sobre él; luego, la roca abrió el casco en canal, de proa a popa, desmantelándolo por completo. Como el *Titanic* y el *Lusitania,* quedó con la proa hundida y la popa levantada, con las hélices fuera del agua. El agua inundó el tercio de proa por la gigantesca brecha, y las calderas estallaron, matando a todos los fogoneros y maquinistas que allí se encontraban. El naufragio fue dramático por la rapidez: el capitán ordenó botar las lanchas salvavidas y lanzar una llamada de socorro, pero no dio tiempo ni a una cosa ni a otra. Onzain fue testigo de cómo una ola asaltó el puente de mando, ya hundido, y el capitán Lotina quedó atrapado en él.

Mucha gente del pasaje murió literalmente hervida en el agua de las calderas. Los pasajeros de popa trataron de ponerse a salvo entre escalofriantes escenas de pánico, supervivencia y desesperación. Aún no habían pasado cinco minutos desde el choque contra el arrecife cuando el transatlántico, deshecho, se dispuso a efectuar su última pirueta. A la luz de los relámpagos brillaron, en espeluznante espectáculo, las hélices del barco alzándose en el cielo para el centenar de tripulantes que estaban ya en el agua. Otro centenar no tardaría en estarlo, aferrados a los fardos salidos de lo más profundo de las bodegas, pero más de cuatrocientas personas se fueron con el *Príncipe de Asturias*. Hubo un dramático toque de timbal, una última explosión, subrayando el fin. Después, todo había terminado; el barco había desaparecido.

Algunos pasajeros lograron, en una aventura demencial, nadar hasta las rocas y ponerse a salvo en ellas. Otros muchos perecieron arrojados por las olas contra los arrecifes. Rufino Onzain, segundo oficial que será el héroe del siniestro (llegando luego a capitanear varios buques de la compañía Transatlántica), logró abordar una lancha salvavidas que quedó a flote, iniciando el rescate de los náufragos. La mar había quedado plagada de restos del buque desmantelado, entre los que flotaban inertes numerosos cadáveres. Los supervivientes, tras esperar, ateridos, al amanecer, vieron avanzar el día con el escepticismo del que supera la prueba más dura sin que luego nadie acuda a recogerle.

Hubo que esperar a la meridiana para que el vapor francés *Vega*, al mando del capitán Augusto Poli y con destino el puerto de Santos, llegara a aquel paraje de muerte y desolación donde flotaba la lancha, ya abarrotada de náufragos, de Rufino Onzain. Tras recoger a estos y dos que flotaban aferrados a otro bote salvavidas roto, Poli ordenó botar sus propios botes e iniciar una cuidadosa búsqueda. En total, el *Vega* salvaría centenar y medio de personas, la mayor parte de la tripulación, pues sólo sobrevivieron al fulminante naufragio cincuenta y siete pasajeros, seis de ellos mujeres y tres niños, de los que el *Príncipe de Asturias* transportaba desgraciadamente por decenas. De haber merecido algún nombre este trágico siniestro, habría sido el muy bello de «el naufragio de los niños». Sin embargo, como veremos, las leyendas urbanas y las malas lenguas tirarían por otro camino.

Terminadas las labores de rescate, el *Vega* se dirigió a Santos con toda urgencia para poner los supervivientes a buen recaudo en hoteles y hospitales donde fueron tratados con la mayor consideración. Pero las

La tripulación del *Príncipe de Asturias*, encabezada por el capitán José Lotina Abrisqueta, veterano de la ruta de América del Sur y virtuoso en el manejo de su embarcación, a la que conocía al dedillo. El primero era Antonio Salazar y el segundo, Rufino Onzain, que sobreviviría al hundimiento.

labores de rastreo continuaron; la Marina brasileña mandó al lugar del siniestro un aviso y un remolcador, y la Compañía Transatlántica española desvió su vapor *P. de Satrústegui*, próximo a Santos, para que diera la vuelta y regresara a punta do Boi, donde se detuvo, arriando dos botes para reconocer la costa. Sólo pudieron encontrar algunos cadáveres antes de retomar la ruta a Santos. Los buques brasileños tampoco encontraron a nadie con vida, pero, no obstante, cuatro náufragos, un padre con su niño, un fogonero y otro más, derivaron diez millas durante dos días hasta la isla dos Buzios, donde los pescadores los recogieron aún con vida. Luego, desgraciadamente, a la costa llegaron los «wreckers», raqueros, saqueadores de náufragos y naufragios, contra los que la autoridad local hubo de habérselas como pudo.

Le tocó al *P. de Satrústegui* oficiar como buque que amparase a todos los supervivientes que, tras aquella tragedia horrorosa, prefirieran el regreso. Y mientras el vapor español, con el alma enlutada, se alejaba rumbo a las lejanas costas peninsulares, lenguas sucias comenzaron a tejer absurdas versiones para los incautos que quisieran prestarles atención: el capitán Lotina estaba borracho en el momento del accidente y se suicidó disparándose con un revólver en la sien; en el *Príncipe de Asturias* navegaban más de un millar de polizones, que murieron en el naufragio; el barco español navegaba imprudentemente cerca de la costa porque llevaba un importante número de pasajeros alemanes que deseaban eludir la presencia por aquellas aguas del crucero inglés *Glasgow* del capitán Luce, el cual, año y medio antes, durante la persecución y cacería de la escuadra del almirante Von Spee en las Malvinas, había hundido al crucero *Leipzig*, aunque dejó escapar al *Dresden*.

Como se puede suponer, todas las absurdas mentiras se desacreditaban por sí solas: del honrado y abnegado final del capitán Lotina había testigos presenciales, y ninguno de lo contrario; como sabemos, tan gran número de polizones habría sido imposible de mantener oculto, porque los rellenos de agua y víveres no los habrían soportado. Pequeños detalles ambos que los embusteros pasaban por alto. El tema de los alemanes era el más fantasioso, y venía simplemente porque el cónsul estadounidense se apellidaba Dichmann; desde luego, como investigadores los sabuesos de Santos no tenían precio. Y aún habría más: al enterarse de que el *Príncipe de Asturias* transportaba veinte estatuas de bronce, un valioso cargamento de metales como cobre y plomo, y, probablemente, caudales para pagar cargamentos de trigo argentino, de ahí a la palabra mágica (¡oro!) sólo debía quedar un saltito para tan imaginativas mentes, que, durante años, revistieron el naufragio de toda esta ignominiosa y absurda aura de mentiras, tesoros sumergidos y cuentos delirantes. No olvidemos que la isla Bella de San Sebastián es lugar esotérico, así que, de forma inevitable, en 1992, cuando los medios para bajar a las profundidades en que yacen los restos del transatlántico estuvieron al alcance del gran público, se organizó –con ocasión del Quinto Centenario– una expedición subacuática cuyo declarado propósito era el rescate de las estatuas, sospechándose que tenía como verdadero objetivo el tesoro. Al final, se sacó una sola estatua a trozos, el patrocinador pagó, y del «ideólogo» de tan productiva iniciativa nunca más volvió a saberse.

LEYENDAS Y FALSEDADES

Podría parecer lógico concluir que cuanto más breve es el tiempo de hundimiento de un barco de pasajeros mayor número de víctimas se producen, puesto que del *Príncipe de Asturias* se salvó sólo el veinticuatro por ciento de los que iban a bordo, frente a casi el cuarenta por ciento del *Lusitania*, un hundimiento que, aunque también muy rápido, cuadriplicó en tiempo al del español. Son conclusiones aproximadas, pues el *Titanic*, tardando mucho más en hundirse, sólo permitió salvarse al treinta y un por ciento de su gente, probablemente como consecuencia de entrar en juego la hipotermia. El porcentaje del *Príncipe* también puede modificarse a la baja dependiendo de la proporción de polizones sin posible salvación que se estime navegaban a bordo. Lo que parece casi milagroso es que en un naufragio como el que acabamos de bosquejar se salve más del diez por ciento de la gente.

En un siniestro de este género, sobra cualquier consideración sobre el comportamiento del buque o de la tripulación. El primero fue materialmente despedazado por el arrecife, y para la segunda no hubo tiempo de reaccionar. Tampoco hay lugar para la especulación acerca de errores de construcción o por parte de los armadores, totalmente ajenos en este caso. El análisis se reduce, pues, a tratar de formular hipótesis razonables sobre lo que pudo ocurrir para que este transatlántico, moderno, correctamente equipado y tripulado, prácticamente al final de un viaje que ya había realizado con éxito otras veces, realizara una navegación de estima tan imprecisa que, a pesar de las prudentes correcciones hacia fuera del capitán Lotina, acabara estrellándose contra el arrecife.

Todas las fuentes coinciden en que la causa difícilmente pudo ser otra que el desvío de la aguja magnética por tres motivos: la veta de uranio de punta Pirabura, el notable cargamento de metales que llevaba el barco, y la proximidad de una tormenta con potente aparato eléctrico durante la aproximación a la isla de San Sebastián. A los que piensen que la aparición del faro segundos antes de que ya no pudiera hacerse nada para evitar el choque fue una verdadera fatalidad, decir que los bancos de nubes bajas sobre los faros resultan relativamente frecuentes, y una vez tuvimos ocasión de comprobarlo en el faro de Berbería de la isla de Formentera, que se desveló apenas a dos millas con su potente luz, cuando su alcance es mucho mayor. Si hubiéramos basado nuestra navegación en él, habría sido totalmente errónea.

Mucho se ha especulado, tejiéndose una delirante leyenda, sobre el trágico naufragio del *Príncipe de Asturias*. Las teorías, basadas en testimonios verbales o sospechas poco fundadas, varían desde la conspiración gubernamental hasta misteriosos fenómenos ovni. La realidad es que la mala suerte se cebó sobre este desgraciado buque y su gente.

El problema del capitán Lotina y su oficial de derrota es que ellos no tenían sistema alternativo salvo la navegación de estima, donde la fatalidad ya estaba perversamente haciendo de las suyas actuando sobre el compás, y, por lo tanto, en la caña del timón. Como se habría dicho en tiempo de los griegos, los hados conspiraban perversamente para llevar, completamente engañado, al *Príncipe de Asturias* sobre las rocas. La inquietud del capitán Lotina muestra hasta qué punto este lobo de mar sospechó estar cayendo en una trampa; pero, no queriendo perder la serenidad ni dejarse arrastrar por el pánico, hizo una pequeña corrección de rumbo correcta pero insuficiente, cuando su instinto, liberado del severo juicio de los que le rodeaban, probablemente le pedía hacerla mucho mayor. Hizo lo que pudo, hizo lo que supo, hizo lo que debía, pero, a veces, el azar prevé para nosotros situaciones en las que es imprescindible salirse de los cauces establecidos, y, si nos es negada esta posibilidad como un brote inspirado, la perdición está asegurada.

No fue, por desgracia, el del *Príncipe de Asturias* el único desastre de la inmigración: el mismo año Pinillos perdía, por naufragio en el Atlántico, el viejo pero rentable *Pío IX*, afortunadamente sin llevar pasaje a bordo. La compañía, sin pareja de buques capaz de atender la línea mensual a Sudamérica, tuvo que ir abandonándola paulatinamente, como antes dejó la línea a las Filipinas cuando estas islas dejaron de ser españolas a consecuencia de la guerra. Dos años y medio más tarde Pinillos perdió también, en los Cayos de Florida, el buque mixto de carga y pasaje *Valvanera*. En total, durante la Primera Guerra Mundial, y a causa de minas, submarinos y un largo etcétera, sesenta y dos barcos españoles fueron hundidos, algunos con gran pérdida de vidas humanas. Un coste terrible para un país neutral, que no pudo compensar las ganancias por el aumento del precio de los fletes en situación bélica.

Por lo que se refiere al *Príncipe de Asturias*, al que el conflicto no afectó en absoluto, se trató de una de las peores pérdidas de la emigración. Últimamente, determinados libros y autores con pretensión esotérica, basados únicamente en testimonios verbales, no en datos sólidos ni contrastados, han querido dar al desgraciado siniestro un barniz de misterio, enigma y suspense; mero espectáculo mediático. En este caso no cabe hablar sino de simple y pura mala suerte, y ni la radio, ni las recientes medidas sobre balsas salvavidas pudieron hacer nada por evitarla; aquí, más que en cualquier otro caso, tiene peso el dicho de que el hombre propone pero al final Dios dispone. La única y modestísima lección que se puede sacar del lamentable episodio es que una roca es algo que, aun a riesgo de parecer un loco y con medidas desproporcionadas, un capitán debe siempre tratar de evitar.

Capítulo 4
Matanza entre hermanos
Naufragio del crucero *Baleares*, cabo de Palos, marzo de 1938

TRATADOS, ARROGANCIA Y MAL USO

Cuando los papas, cardenales, sacerdotes y curas, inmersos en graves tensiones y desacuerdos, se vieron necesitados de un «congreso», hicieron el Concilio de Trento. Cuando los políticos, halcones armamentistas, generales y almirantes tuvieron que poner fin a la escalada armamentista naval posterior a la Primera Guerra Mundial o Gran Guerra –los humanos rara vez hemos tenido remedio– se sentaron alrededor de una mesa para firmar un papel que se llamó Tratado de Washington.

Este tratado, aparte de dar pasto y trabajo a los chatarreros (un montón de heroicos cruceros y acorazados llenos de medallas por sus hazañas de guerra fueron dados de baja y desguazados), obligar a los ingenieros a hacer prodigios del transformismo –pues varios cruceros de batalla estadounidenses y japoneses se convirtieron, de la noche a la mañana, en portaaviones– y limitar el número de unidades que podía disponer cada potencia, con predominio de los de siempre, prefijó el tamaño de estas últimas para que no volviesen a salirse de madre. Se definió un tamaño para los acorazados, cruceros, etc., y este se midió según las toneladas inglesas o «ton». Una vez hechas las normas, es decir, la ley, a los más perjudicados, perdedores de la guerra, se les impuso otro tratado, el de Versalles, y no les quedó otra que hacer trampas: los alemanes «metieron» un acorazado de bolsillo en el tonelaje de un crucero pesado, dos acorazados grandes en el tonelaje de cruceros de batalla, y, para terminar, como el *Bismarck* reventó por las cuatro costuras del «traje Washington», mintieron con descaro en su tonelaje y ya está. Entretanto, ingleses y estadounidenses habían hecho en política de las suyas, así que los japoneses se mosquearon y denunciaron el tratado, poniéndose manos a la obra con los superacorazados tipo *Yamato*, descomunales artefactos que, nacidos anticuados, apenas lograron componer un honorable rol final como kamikazes. Pero esta otra historia nos aleja de nuestro objeto.

Que no es otro que el «traje» para el crucero pesado salido de la Conferencia o Tratado de Washington, en el momento de la firma no ocupado por buque alguno. Consecuentemente, astilleros estadounidenses, japoneses, británicos, alemanes, franceses e italianos recibieron los encargos correspondientes, y, durante los años veinte y treinta del período entreguerras, sacaron a la pasarela de las revistas navales hermosos cruceros Washington de diez mil toneladas «teóricas» armados de cañones de doscientos tres milímetros de calibre y poderosa batería secundaria, uno o varios hidroaviones –la sensación del momento– y fantásticas velocidades alrededor, e incluso superiores, de los treinta nudos. Eran cruceros «patrulleros» por excelencia de las grandes rutas oceánicas del tráfico naval, de los que se veían precisados países con grandes intereses oceánicos; en absoluto uno como España, a la sazón muy venido a menos, con escasas rutas marítimas propias que defender y cuyo quebradero de cabeza más reciente era la inacabable guerra de Marruecos. Pero cuenta la leyenda que estando el rey Alfonso XIII y Primo de Rivera contemplando un hermoso crucero estadounidense en Santander, el dictador dijo algo así como que «mucho se tiene que torcer la cosa para que no tengamos dos o tres barcos como estos», y así fue como se gestó para su plan, bautizado por el almirante de turno como Plan Cornejo de 1926, una serie de tres cruceros pesados Washington del tipo *County* que llevarían los nombres de *Canarias, Baleares* y *Ferrol.*

No fue una lógica decisión; en aquel momento, los *County* británicos no eran, con mucho, los mejores cruceros pesados o Washington del mundo, pues tanto japoneses como estadounidenses, y, sobre todo, los más próximos italianos, los construían o tenían proyectos mejores.

Mas la absoluta dependencia de la Sociedad Española de Construcción Naval (SECN) de sus accionistas británicos no permitía elegir. Aún más importante, no estaba nada claro que una escuadra cuya columna vertebral eran, en ese momento, las magníficas flotillas de destructores y submarinos en servicio o construyéndose (que podían asegurar el control estratégico del estrecho de Gibraltar) necesitara grandes y ostentosos buques insignia como estos cruceros patrulleros. Los dos únicos acorazados en servicio, *España* y *Jaime I*, «mini-dreadnoughts» procedentes del Plan Maura-Ferrándiz de 1908, bostezaban de aburrimiento en los arsenales tras una entusiasta participación en la guerra de Marruecos, donde se perdió un tercero por embarrancada en el cabo Tres Forcas de Melilla. Los nuevos cruceros pesados de Primo de Rivera (también reducidos finalmente a dos ya que se impuso el sentido común, dedicando el presupuesto del *Ferrol* a destructores) consumirían una gran cantidad de recursos asumiendo un papel de *capital-ships* o buques líderes de flota para el que no fueron proyectados; en otras palabras, eran un «quiero y no puedo». Este completo fallo o desviación de concepto influyó lo suyo en la pérdida del *Baleares*, buque patrullero artificiosamente ascendido a buque insignia que, precisamente, iba a enfrentarse a sus hermanos de flota, los destructores republicanos, en un duelo fratricida en el que acabó llevando la peor parte.

Pero nada de esto quiso verse, de su bando, al principio de la guerra. Al contrario: de inicio, el *Canarias* y, después, el *Baleares* eludieron este sino fatal basándose en la buena suerte, y, también, en el entusiasmo y dinamismo táctico y logístico de aquellos que los mandaron. Incluso se llegó a forjar en torno a estas máquinas magníficas un cierto halo de prepotencia, un mito de ubicuidad e invencibilidad que, para el superviviente (*Canarias*), se prolongó durante la posguerra. Pero, en realidad, tenían su talón de Aquiles, y tanto va el cántaro a la fuente...

DOS BARCOS MÁS QUE BUENOS

Los *County* británicos predecesores de los *Canarias* fueron una prolija serie: trece barcos en total, en tres series sucesivas de siete, cuatro y dos ejemplares cada una, construidos entre 1924 y 1929, cuyos cabezas llevaron los nombres de *Kent, London* y *Dorsetshire*, diferenciados entre sí por importantes detalles. Los cascos, enormes estructuras de casi doscientos metros de eslora, absorbían la mitad del desplazamiento; largos, estilizados y de gran francobordo (nueve metros), resultaron ideales para materializar los dos «puntos fuertes» de los *County*, velocidad y armamento. Con ocho calderas y cuatro grupos de turbinas, estos «espárragos» superaban los treinta nudos, y alguno, a tiro forzado, llegó a alcanzar los treinta y cuatro, velocidad muy notable. Los amplios cascos, aparte de marineros y muy habitables, se revelaban excelentes plataformas de tiro para un armamento potente y equilibrado, cuyo pilar fundamental eran los ocho cañones de doscientos tres milímetros dispuestos por parejas en sendas torres pareadas también, a proa y popa, capaces de alcanzar con su tiro a casi treinta kilómetros de distancia. Las cuatro hélices tripalas podían llevar estos soberbios barcos en una perpetua estrepada –mientras durara el combustible– para acudir veloces allí donde hiciera falta su presencia. Esta capacidad, es decir, ser marineros, sólidos, veloces y oportunos, caracterizó estos barcos durante toda su carrera. Fueron ellos los que irrumpieron por sorpresa en escenarios marítimos inermes, llegaron a tiempo de perseguir al *Graf Spee*, al *Bismarck* y al *Scharnhorst*, y destruyeron corsarios como el *Atlantis* o el *Pinguin*, inalcanzables para otros. En las rutas de los convoyes, y allí donde no llegaban los aviones en los primeros tiempos de guerra, estuvieron ellos protegiendo el vital tráfico mercantil. Barcos oceánicos por excelencia, gracias a su potente artillería se revelaron también muy aptos para ejercer el dominio naval en escenarios limitados donde no hubiera adversarios de su talla.

Sin embargo, junto con estas grandes cualidades muy apreciadas por cualquiera que entienda para qué sirve una armada de alta mar, tenían grandes defectos, que fueron incrementándose a lo largo de su carrera. Demasiado grandes y voluminosos, quedaban en completa desventaja en el combate nocturno contra unidades menores –cruceros ligeros, destructores, submarinos o lanchas torpederas– debiendo, por tanto, renunciar a combatir en tales condiciones. Desde la cuna tuvieron que cargar con el mote de *tinclads* ('forrados de hojalata' o 'galgos de papel'), en alusión a la insuficiencia de protección. Sólo llevaban una leve coraza horizontal para proteger las máquinas, pues se pensó, acertadamente, que su principal adversario sería el poder aéreo, que se cobró dos de ellos, el *Dorsetshire* y el *Cornwall*, destruidos por la aviación japonesa en marzo del 42. El *Canberra* también fue hundido, en la escalofriante batalla nocturna de la isla Savo, en el Pacífico, de forma muy

Botadura del *Baleares* en 1932; aunque aún no tiene montada la artillería ni las superestructuras, pueden apreciarse las dimensiones del casco de casi doscientos metros de eslora que convertía estos barcos en sólidos, marineros, habitables, rápidos, muy bien armados y oportunos. Carecían no obstante de protección, y lugar en una Marina como la española, que basaba todo su poder en las flotillas de submarinos y destructores.

parecida a como lo había sido el *Baleares* cuatro años atrás. Ninguno, sin embargo, fue «cazado» por submarinos alemanes, ni fulminantemente echado a pique por unidades de superficie adversarias, como sucedió a otros cruceros. Ello, más que de sus cualidades, nos habla de su correcto empleo y atinado conocimiento de sus limitaciones por parte de quienes los utilizaron.

Construidos sobre diseño del ingeniero Tennyson, oportunamente modificados por Berry para sucesivas series inglesas, y Watts para los *Canarias* y *Baleares*, se diferenciaron entre sí en múltiples detalles, como la protección submarina contra impactos de torpedo, que en unos se hizo aumentando la compartimentación, mientras que en otros se añadieron en los costados «bulges» exteriores para absorber el impacto. Los *Baleares* pudieron contar con ambos sistemas, y presumir, sin temor a equivocarse, de ser, como postreros (se iniciaron en 1928), los mejores *County* puestos a flote, pues, sobre sus «primos» británicos, tenían la ventaja de ser más potentes (noventa y seis mil frente a ochenta mil caballos). Así que, si bien ambas circunstancias «embonaron» los *County* españoles, sus defectos permanecieron inalterables, grave problema cuando, a diferencia de los británicos, no siempre fueron bien empleados, o, mejor dicho, se usaron con más ardor y empeño que sensatez, puede que por la perentoria necesidad del Mando Nacional al no disponer de otros buques.

Comparados con contemporáneos como los italianos tipo *Zara* (por el retraso de los cruceros españoles en ser construidos), los *Baleares*, igualándoles en dimensiones, velocidad y armamento, tenían casi el doble de autonomía, pero eran menos potentes y carecían de la notable protección italiana, ciento cincuenta milímetros en los costados. Por lo que, en hipotético combate mano a mano contra un *Zara*, los nuestros apenas podían haber hecho otra cosa que disparar varias honorables salvas antes de hacer mutis por el foro o se hubieran arriesgado a sufrir un impacto vital que los dejara sin propulsión y ser destruidos, mientras que los italianos, con mucho más «aguante», habrían quedado dueños del lugar. Este fue el precio que pagamos por la subordinación industrial británica; los argentinos, por las mismas fechas, adquirían sus cruceros en Italia (*Almirante Brown* y *25 de Mayo*) y los destructores, en España (*Cervantes* y *Juan de Garay*), lugares ambos donde mejor y a mejores precios se construían. Curiosamente, y para que se vea las vueltas que da la vida, España acabó adquiriendo un crucero italiano, el *Trieste*, en la posguerra, para un fallido proyecto de conversión en portaaviones; y los robustos *Zara –Zara, Pola* y *Fiume–*, en vez de poner pies en polvorosa a los *Canarias*, tuvieron que vérselas en la batalla de Gaudo-Matapán con tres potentes acorazados ingleses –*Warspite, Barham* y *Valiant–*, que los redujeron a pavesas en un horrible holocausto en medio de la noche antes de que pudieran disparar un solo tiro, gracias al radar. La lección es que la vida te da sorpresas, pero, también, que quedar subordinado a un solo constructor naval no garantiza que tu gente vaya a la guerra con lo mejor, lo cual es una inmoralidad. Fijado pues con claridad el criterio conceptual de los *Canarias* y *Baleares*, que determinó su génesis, y definidas sus características y tipología, pasemos a describir el nacimiento, ejecutoria y trágico final del segundo de estos cruceros.

Se iniciaban las obras de ambos buques a finales de los locos años veinte, es decir, en plena recesión económica e industrial, así que a los

Canarias los caracterizaría un larguísimo período de alistamiento a flote, puesto que se comenzaron en 1928 y se botaron entre 1931 y 1932, pero al empezar la Guerra Civil (1936) aún estaban inacabados en Ferrol, y, de hecho, fue la propia guerra la que provocó su apresurado e improvisado alistamiento, que, de otra forma, aún hubiera durado dos o tres años más. Por muy singular y curioso que parezca, hay barcos que emplean casi toda su vida potencial en alistamiento, vida inútil, pues la única razón de ser en que los han convertido gobiernos insensatos es destino de mano de obra que, de otra manera, habría quedado en paro. Sin detenernos a razonar semejante despropósito, valga decir que si de lo que se trata es de mantener al personal subsistiendo del erario público y uno es pacifista a ultranza, vale más entregar directamente los fondos y entretener la mano de obra con inofensivas labores de punto o macramé, en vez de tenerlos trabajando en rudos trabajos metalúrgicos que, se quiera o no, tarde o temprano acabarán dando como fruto una imponente máquina de guerra con la que no se sabrá qué hacer.

Producidos por una dictadura belicista y fiados al destino de un gobierno republicano que nunca los quiso pero los construyó (paradoja inigualable), la inutilidad parecía ir a ser el destino de los carísimos *Canarias* y *Baleares* hasta que algo tan espantoso como una guerra fratricida vino a darles no sólo un futuro, sino también agitada y peligrosa vida, fama y peculiar existencia: la odisea, larga o breve, del guerrero, glorioso en el sacrificio y laureado en la supervivencia. Más curioso aún fue que, a pesar de la singular coyuntura, ambas construcciones, respaldadas con la experiencia de la Sociedad Española de Construcción Naval SECN, pero materializadas por técnicos y mano de obra españoles, resultaron excelentes. Todas las piezas de fundición, ejes, maquinaria, turbinas, etc. se produjeron en las forjas norteñas de Reinosa y Sestao, los aceros de alta resistencia para los forros y estructuras se trajeron del Reino Unido y la artillería se construyó en la fábrica de San Carlos de Cádiz. La combinación no pudo ser mejor. Los *Canarias*, barcos más grandes construidos en España hasta casi medio siglo después –cuando se hizo el portaaviones *Príncipe de Asturias*– también resultarían seguramente de los mejores *County* construidos, y los más competentes cruceros tipo Washington de primera serie puestos a flote. El casco, dividido en tres grandes espacios estancos a su vez sectorizados en plano superior e inferior, resultó rápido, robusto y espacioso, con gran soporte de artillería, apenas vibraciones de la maquinaria y gran capacidad de supervivencia aun con

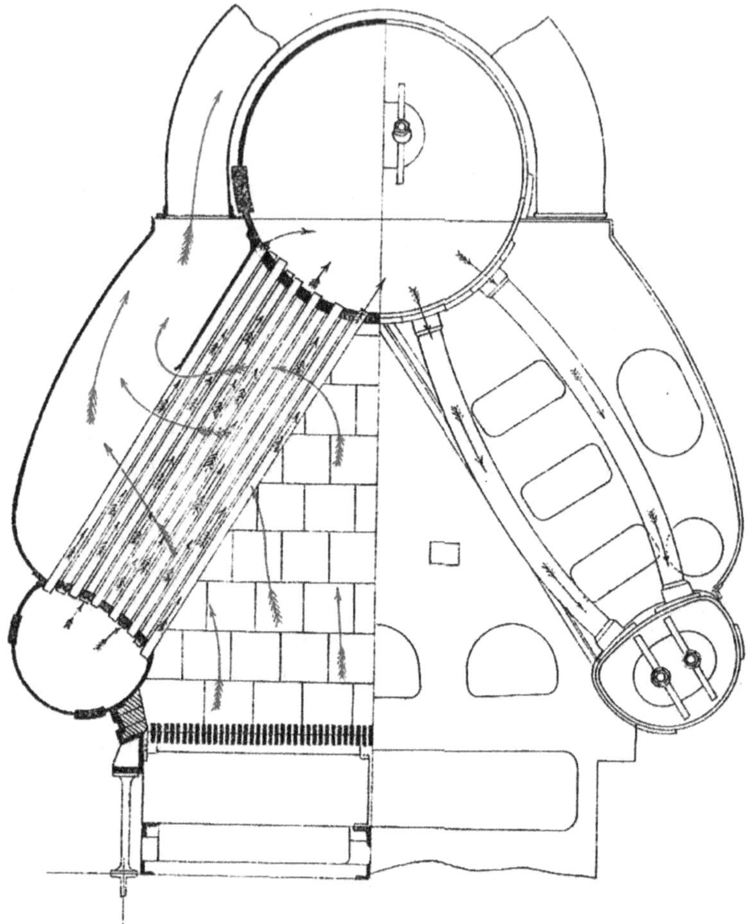

Fig. 9. Yarrow Boiler.

direction of circulation of water.

" " " " flames & gases.

Caldera Yarrow de las que llevaban ocho cada uno los cruceros *Canarias* y *Baleares*, además de cuatro turbinas a sendos ejes y hélices para una potencia total de 96.000 caballos, alcanzando velocidades superiores a los treinta nudos. Los *Canarias* fueron los mejores tipo *County* de los quince construidos en total para la Royal Navy y la Marina española.

graves daños, como demostraría el *Baleares* en su última singladura. Si a esto le añadimos una excelente maquinaria –cuatro grupos de turbinas Parsons y ocho calderas Yarrow– y una artillería Vickers construida bajo licencia que demostraría su valor, casi podría decirse que las virtudes de estos buques hicieron olvidar pronto sus defectos. Pero seguían ahí: la debilidad del blindaje, su gran tamaño para afrontar combates contra unidades menores, y –el auténtico talón de Aquiles– que el bulge antitorpedo no cubriera las zonas del forro correspondientes a los pañoles de municiones de las torres de artillería extremas (la A y la D). Aunque, tal vez, lo que atrajo la mala fortuna en forma de torpedos republicanos contra este punto fue un hecho casual, casi podríamos decir anecdótico: el *Canarias* fue la construcción número doce de la SECN, y como al *Baleares* le correspondía el trece, se hizo pasar por delante otras construcciones industriales (gánguiles) para evitar el mal fario. Puede que este tramposo recurso fuera el que, irritando al arbitrario dios Azar, hizo recaer la desgracia sobre aquel.

Cuando se produjo la rebelión de los generales nacionalistas –apoyados por el fascismo– contra una República en manos del Frente Popular, ambos cruceros estaban en el arsenal de El Ferrol, con lo que cayeron en manos de los sublevados junto con el crucero ligero *Almirante Cervera* y el añejo destructor *Velasco*. La pérdida de ambos magníficos buques antes de iniciarse las hostilidades fue un serio revés para la Marina republicana que, no obstante, siguió reteniendo lo mejor y más granado de sus unidades, es decir, las flotillas de destructores (diecisiete en total) con sus tres cruceros ligeros conductores, y doce submarinos, además de once veteranos torpederos. Una fuerza impresionante sobre el papel, capaz de asumir el control del Estrecho y con la que se intentó el bloqueo del mismo para evitar que cruzara a la Península el Ejército de África. Pero muchos mandos de los buques se pusieron del lado de los sublevados, y hasta que el célebre radiotelegrafista Balboa no puso al corriente a las tripulaciones de lo que estaba sucediendo y estas detuvieron a sus jefes, privándoles del mando, hubo un período de desorientación que, bien aprovechado por los «africanos», se empleó para cruzar el Estrecho con varios convoyes de vanguardia; el Ejército de África había puesto pie en la Península, y la República se mostraría incapaz de desalojarle.

Rehecha de su trauma interno, la Marina republicana intentó un golpe de efecto, irrumpiendo en la costa cantábrica una flota de un acorazado (*Jaime I*), dos cruceros, seis destructores y otros tantos submarinos para imponer allí el dominio naval. Pero los sublevados, inesperadamente audaces, ya tenían listos el *Canarias* y el *Cervera*, que, en una operación sorpresiva, bajaron a toda velocidad al Estrecho, sólo guarnecido por dos destructores –*Almirante Ferrándiz* y *Gravina*–, el primero de los cuales fue hundido por un disparo a gran distancia del *Canarias*, poniéndose el segundo a buen recaudo en Casablanca. El bloqueo republicano quedaba así roto, y el paso del Estrecho del ejército africano continuó a gran ritmo, participando en él incluso el *Canarias,* que llevó a Cádiz regimientos de regulares.

Corrían los últimos meses de 1936, y mientras su gemelo hacía las primeras armas, en el *Baleares*, con las obras mucho más retrasadas, los rebeldes se afanaban para terminar su alistamiento. Como aún no habían sido fabricadas todas las torres de artillería, este crucero tendría que entrar en campaña sólo con las A y B, de proa, montadas. Al *Canarias* se le había podido completar la batería secundaria con cañones procedentes del viejo acorazado *España*, pero el *Baleares* pudo recibir cañones de cien y ochenta y ocho milímetros, además de ametralladoras y direcciones de tiro, con asistencia técnica alemana. ¿Y la tripulación? Si en el *Canarias* habían embarcado, precipitadamente, trozos de las dotaciones de otros barcos, para el *Baleares* se destinó un contingente de ciento cincuenta marineros de Hondarribia; ellos serían la columna vertebral de la dotación del buque, descubrieron el complot que fraguaban unos fogoneros para envenenar el agua potable con cianuro y devolver el buque a la República (saldado con varios y expeditivos fusilamientos), y acompañaron al crucero en su corta pero espectacular carrera y trágico hundimiento. Exactamente igual que el que fuera nombrado su primer comandante, Manuel de Vierna, que perecería izando en él su enseña de almirante.

Como el *Canarias*, el *Baleares* quedó al fin listo para hacerse a la mar con aquella estética extraña pero característica del compacto puente de mando, la descomunal chimenea, y el cercenado mástil de proa, que les hacía parecer aún sin terminar; lo que era cierto, al menos, inicialmente. Sobre este austero y espartano *look*, de cierta inspiración soviética, se «tunearon» ambos barcos con la típica parafernalia fascista, yugos y flechas, «todos por la patria», etc., proveyéndoles así de un peculiarísimo aspecto, reconocible casi a la legua; aunque se debe anotar que el emblema del águila de las torres artilleras del *Canarias*, tradicionalmente identificado con la librea falangista, era en realidad el de las islas Afortunadas, pues el escudo contenía las siete ínsulas en su interior. Por último, los caparachos de las torres artilleras iban pintados con aspas blancas y negras, para hacerles identificables para su propia aviación y no ser alcanzados por «fuego amigo»; con el enemigo ya tendrían más que suficiente, pues serían objetivo preferente de la aviación republicana.

La primera travesía del flamante *Baleares* le llevó a Cádiz para recibir su tercera torre de artillería, recién fabricada en San Carlos. Acto seguido, en compañía de su gemelo, se incorporó a la campaña para la toma de Málaga, recibiendo el encargo de interceptar los vehículos que trataban de escapar por la carretera de Almería. Bien ceñido a la costa para estos menesteres, y como nos reconoce el que fuera entonces tercero de a bordo, Manuel Espinosa, en sus magníficas memorias, habría resultado un blanco fácil para los submarinos republicanos, que, sin embargo, se mantendrían durante gran parte de la guerra poco activos por la perentoria falta de mandos preparados para asumir el mando de un sumergible. La República incluso llegó a entregarlos a comandantes de dudosa lealtad, acompañados de un comisario político que los vigilaba. Este auténtico desatino probablemente influyó en la pérdida y desaparición de dos de ellos, los B-5 y C-5. Posteriormente, se entregaría el mando de submarinos a comandantes de la Unión Soviética. El *Baleares*, ignorante de lo mucho que tales circunstancias le favorecían, hizo su debut guerrero fiado a su arrojo y buena suerte.

Tal vez acabó por creer en esta última el 13 de febrero, navegando en la estela del *Canarias* con el horizonte muy cerrado en niebla, en el estrecho de Gibraltar –situación ciertamente angustiosa incluso cuando la vivimos en nuestros días, con el radar funcionando–. En medio de un mar de sirenazos y bocinas de niebla, surgió por la banda de estribor del *Canarias* un buque griego, el *Mariopi*, que le embistió estrepitosamente a la altura del palo mayor, «mordiendo» la banda con el ancla además de la roda. El «agresor» quedó con la proa destrozada y se hundió, mientras que el *Canarias*, con un boquete de 12 por 1,30 metros a la altura de la primera cubierta, forros destrozados y algunas cuadernas rotas, se llevó puestas el ancla y toda su cadena, con grave peligro de enredar esta última en las hélices; ahora el temor de todos era el *Baleares*, que, siguiendo aguas a tres mil metros por la estela, podía haber abordado a uno u otro sentenciándolos definitivamente. Pero este barco al escuchar el choque había reducido la velocidad, y llegaba con salvavidas y cabos listos para el rescate, pasando tan próximo a la banda de babor de su hermano que ambos cruceros tuvieron que poner sus torres de artillería a crujía para evitar que sus cañones se trabaran. En plena sintonía «Titanic», el *Baleares* traía dispuesta a la orquesta en cubierta para hacer frente al incidente, alegre o luctuoso, a que hubiera menester. El abordaje se saldó para el buque guía con cinco heridos leves, y no terminó ahí la cosa pues, antes de que se disipara la niebla, el *Canarias* tuvo que evitar un pesquero y otro mercante cuyo abordaje podía haber resultado definitivo.

Los cruceros nacionalistas acababan de sufrir en propia piel un anticipo del precio que se paga permaneciendo activos en cualquier condición de tiempo y mar, para negarle esta ubicua presencia al enemigo y apoderarse de un escenario vital al principio de las hostilidades como era el Estrecho. Aunque el *Canarias* tuvo que ir a Cádiz urgentemente para efectuar reparaciones –perdiendo con ello el liderazgo de la división nacionalista, que heredó el *Baleares*–, la filosofía de empleo de ambos magníficos barcos permaneció inalterable, y pronto, muy pronto, pasaron de estar basados en Cádiz, Ceuta, Melilla o Málaga a echar el ancla en la bahía de Palma de Mallorca, desde donde operaron incansables casi todo el conflicto, arrinconando a su enemigo, la escuadra republicana, en su base de Cartagena (de la que esta saldría sólo en contadas ocasiones), protegiendo las vitales líneas del tráfico marítimo procedente de Italia y atacando los convoyes de mercantes republicanos que, procedentes del mar Negro, se pegaban a la costa de África para conseguir alcanzar puertos levantinos o catalanes.

En marzo del 37 la división de cruceros daba varios golpes decisivos: el *Canarias*, recién reparado en Ferrol, efectuó un raid por la costa cantábrica que le llevó al enfrentamiento llamado del cabo Machichaco, hundiendo al bou vasco *Nabara*. Luego, en su cita con el acorazado de bolsillo alemán *Deutschtland*, que venía siguiéndolo para él, capturó el mercante republicano *Mar Cantábrico*, procedente de Veracruz (México) con un importante cargamento de diez aviones, quinientas ametralladoras y varios millones de cartuchos de fusil. A su vez, el *Almirante Cervera* acababa de capturar en el Mediterráneo el transatlántico *Marqués de Comillas*, procedente de Odessa, que los sublevados utilizarían como transporte de tropas. Por último el *Baleares*, escoltando al *Dómine*, avistaría lejanamente, por primera vez, a la flota republicana, siempre esquiva. Los gubernamentales, en pleno proceso de recomposición de fuerzas tras el alzamiento, y con los submarinos italianos asediando la base de Cartagena, debían de sentir aún el efecto intimidatorio de los fulminantes *raids* del *Canarias*, pero –para infortunio de sus enemigos– a lo largo del año irían sacudiéndose este complejo y haciendo frente a los cruceros, cuyos puntos débiles quedarían entonces al descubierto.

El siguiente mes ambos cruceros lo dedican a batir objetivos terrestres (bombardean dos veces el grao de Valencia), proteger las líneas de navegación de los mercantes nacionalistas procedentes de Italia y hacer sorpresivas incursiones en las rutas de navegación enemigas a lo largo de la costa argelina. Llegará el primer encuentro con la escuadra republicana de destructores, quince minutos de cañoneo frente a Cartagena, donde acabarán refugiándose sus adversarios. Era inevitable: tarde o temprano ambas flotas, tan desiguales aunque hermanas, acabarían enfrentándose en el campo de batalla. A comienzos del verano el *Baleares* vuelve a Cádiz para recibir la cuarta torre de cañones de doscientos tres milímetros, con lo que queda completo. El crucero, en solitario, ataca la línea de navegación Marsella-Barcelona-Valencia; frente a la costa valenciana, durante el verano, se dan varias escaramuzas. En julio acomete una flotilla de destructores republicanos en Cullera y los pone en fuga; pocos días después encuentra a los petroleros *Campillo* y *Elcano* escoltados por los destructores *Lepanto, Churruca, Barcaíztegui, Gravina* y *Valdés*, que acaban retirándose ante el superior enemigo, los tres primeros con averías, aunque los petroleros conseguirán ponerse a salvo. Al *Baleares* difícilmente se le ocurriría ver, en el primero de ellos, al agraviado rival que un día iba a convertirse en su verdugo. La guerra es la guerra, y cuando se sale con bien del combate, el alivio momentáneo impide pensar en el mañana.

Estamos ya en septiembre del 37, más de un año de guerra. La lucha por el tráfico marítimo alcanza su máxima intensidad. La flota gubernamental se esfuerza en proteger el corredor Cartagena-Argel. Esta ruta es relativamente corta, sobre las doscientas millas náuticas, pero queda peligrosamente expuesta a los ataques desde la base nacionalista de Palma. Por ello, los mercantes republicanos acostumbraban a navegar, la primera parte del viaje, bien pegados a la costa argelina hasta Orán, momento en el que arrumbaban al norte para recalar, atravesando el mar de Alborán y el golfo de Vera, al cabo de Gata primero y el Tiñoso después, antesala este último del puerto de Cartagena. El desvío alargaba la travesía pero permitía tener a mano los puertos argelinos en la primera parte del viaje hasta quedar luego bajo la protección de los buques republicanos salidos de Cartagena a su encuentro; los cuales, por su parte, podían ser víctimas de los submarinos italianos apostados en las inmediaciones de Cartagena, que «cazaron» al crucero *Miguel de Cervantes* y el destructor *Churruca*, dejándolos largo tiempo averiados.

El servicio de información de los sublevados –SIM– conocía todos estos extremos, y avisaba a los cruceros de Palma cada vez que se sabía de la presencia de un convoy en la costa argelina, lo que daría lugar al combate de Cherchel. Sabedores también los republicanos de que el *Canarias* merodea en aguas africanas a la caza de otro mercante con importante cargamento, el *Mar Negro*, disponen la salida de su flota, con los cruceros *Libertad, Méndez Núñez* y ocho destructores para escoltar a tres mercantes que vienen de Argel, el *Mar Caribe*, de cinco mil toneladas, y los *Aldecoa* y *Antonio de Satrústegui* de unas tres mil cada uno. Los sobresaltos comienzan desde primera hora del 6 de septiembre, cuando se avista sobre el horizonte la silueta de un crucero tipo *Canarias*, aquel demonio de barco. Ambos cruceros republicanos maniobran para interponerse entre el convoy y el enemigo, pero este ha desaparecido.

En realidad, lo que el *Baleares* –pues de tal se trataba– hacía era rodear el convoy por debajo del horizonte, para atacarle del lado de la costa, mientras avisaba por radio a su aviación. El ataque aéreo no tuvo consecuencias, pero el *Baleares* completó la maniobra y a las cuatro de la tarde atacaba desde dieciséis kilómetros al convoy, que resulta totalmente sorprendido. Los mercantes, temiendo ser acorralados, se desbandaron buscando los puertos de la costa –Cherchel era el más cercano– mientras el *Libertad* y el *Méndez Núñez* aceptaban el combate con su muy superior enemigo. No les fue del todo mal; aunque el primero sufrió varios impactos directos, alcanzaron al *Baleares* dos veces, en la amura de babor y junto a la chimenea, produciéndole un formidable incendio en el combés. Inexplicablemente, se habían almacenado allí proyectiles de alto explosivo bajo cajas de proyectiles iluminantes, que salieron ardiendo, amenazando así con una seria explosión.

No sería la primera vez que se almacenaban mal los explosivos en el crucero nacionalista, y, por desgracia para él, tampoco sería la última. En esta ocasión, sin embargo, surgió un héroe, el cabo de infantería de marina gallego Manuel Lois, que, a pecho descubierto, abrió la caja de iluminantes, tomó en brazos los proyectiles al rojo y los tiró por la borda. El propio comandante, Vierna, lo condecoraría posteriormente, pues seguramente salvó la integridad del crucero, que, de todas formas, tendría que acudir a Cádiz a reparar. De momento, se vio obligado a retirarse del combate, y, cuando quiso volver, encontró seria oposición y tuvo que abandonarlo definitivamente. Aun siendo el barco más poderoso a flote, había sido rechazado por la decidida defensa de la escuadra republicana, que, no obstante, serviría de poco, pues el mercante *Aldecoa*, atiborrado de material bélico, varó malamente en una playa argelina, mientras los otros dos desaparecían en los puertos africanos. Los gubernamentales perdían su convoy, pero sus adversarios no se fueron de vacío: el *Baleares* sufrió cinco muertos, entre ellos Lois, que falleció a causa de las quemaduras al día siguiente.

En estas acometidas de la escuadra nacional a los convoyes, el *Canarias* conocería acto seguido, frente a Calella, mucha mejor suerte, pues, habiendo descubierto los correíllos *J. J. Sister* y *Jaime II* en la ruta Barcelona-Mahón, escoltados por los destructores republicanos *Antequera, Gravina* y *Barcaíztegui*, los atacó a pleno día y consiguió ponerlos en fuga, capturando ambos mercantes; sin duda pesó sobre los comandantes de los destructores la suerte de su hermano el *Almirante Ferrándiz*, trágicamente hundido por aquel. El caso era que entre lo de Cherchel y esta escaramuza los gubernamentales perdían nada menos que seis buques mercantes con todo su cargamento militar sin más contrapartida que los daños del *Baleares*. La división de cruceros se llevaba el gato al agua, y su confianza en sí mismos crecía a la vez que el menosprecio por sus enemigos, los destructores republicanos, a los que siempre habían superado; lo que acabaría demostrándose letal para ellos.

De momento, las averías y el invierno traían una breve pausa. A inicios de diciembre, estaban ambos cruceros de nuevo en Palma, reparados y listos para la acción, pero imposibilitados de hacerse a la mar, esta vez, por los temporales. En cuanto pudieron zarpar emplearon el mes en bombardeos intensivos por todo el Levante, Alicante, Valencia, Castellón y Vinaroz, además de cubrir el minado de las aguas frente a Dénia y el tránsito de convoyes argelino. El 8 de enero, en Palma, se produjo el encuentro del *Baleares* y *Canarias* con el protagonista del siguiente capítulo, el imponente crucero de batalla británico *Hood*, señalado también por la tragedia, empavesados y con guardia formada de babor y estribor en cubierta. Y vuelta a la incesante tarea de la guerra: escolta de convoyes y transportes de tropas, bombardeos levantinos. El 25 de enero, navegando a veintiocho nudos, el *Baleares* pudo hablar de nuevo de su buena suerte para evitar abordajes al evadir por los pelos al destructor franquista *Huesca*, uno de cuyos tripulantes resultó herido.

En febrero, el crucero bombardeó extensamente la costa catalana, Palamós, Port Bou y Sant Feliú de Guixols. La aviación nada pudo contra él, así que marzo le sorprendió en el golfo de León, cubriendo la ruta a Marsella. Sin que pudiera sospecharlo nadie a bordo del buque, eran sus últimas singladuras. El día 4 está de regreso en Palma, en compañía de toda la división –*Baleares, Canarias* y *Almirante Cervera*– ahora ,bajo el mando del ya almirante Vierna, quedando como comandante del buque Isidro Fontenla. El día 4 reciben orden de zarpar para prestar escolta a un convoy de dos mercantes (*Unbe-Mendi* y *Altuna-Mendi*) al sur de Ibiza, protegidos hasta allí por los cañoneros *Cánovas* y *Canalejas*, y los destructores *Huesca, Teruel* y *Velasco*. Los tres cruceros salieron a la mar a las tres de la tarde del día siguiente, poniendo inmediatamente rumbo al suroeste que les llevaría al espacio de mar entre los cabos Palos y Cervera, de Torrevieja. El que acabaría siendo lugar de descanso del *Baleares*.

Los republicanos, ahora con un nuevo mando mucho más partidario de la ofensiva que los anteriores, habían planificado para comienzos de marzo un ataque con lanchas torpederas rusas a la bahía de Palma llevado a cabo desde San Antonio de Portmany (Ibiza). La operación sería apoyada por la Primera Flotilla de destructores republicanos –*Jorge Juan, Escaño, Ulloa* y *Valdés*, que se situarían en los Freus, entre Ibiza y Formentera, mientras la Segunda Flotilla –*Antequera, Lepanto, Gravina* y *Lázaga*, algunos «viejos conocidos» del *Baleares*– con el *Libertad* y el *Méndez Núñez*, los respaldaría.

Pero, como sabemos, por una de esas perversas casualidades del destino, los tres cruceros que se pretendía atacar en la base de Palma se hallaban en la mar y no lejos de Cartagena. Navegaban, en la proximidad de la base enemiga, con ambos cruceros pesados en vanguardia, el *Baleares* en cabeza y el *Almirante Cervera* en cola, sin escolta alguna de destructores. Este dispositivo, que podía ser aceptable de día, era absolutamente inadecuado para unos barcos tan grandes de noche, pues podían ser sorprendidos por un ataque de los destructores enemigos. Habrían debido, pues, replegarse sobre el convoy para prestar escolta desde sus filas, o dar un gran rodeo para evitar ser sorprendidos. Sin embargo, los franquistas estaban convencidos de que sus enemigos nada intentarían; cuando quisieron acordar, se encontraron en medio de un avispero tan inextricable como mortal.

La flota republicana había zarpado de Cartagena poco después de las tres y media de la tarde del 5 de marzo, poniendo rumbo sur a veinte nudos; quedaron libres de puntas a las 17:35, internándose cada vez más en la mar oscura, que los veloces buques araban levantando altas ondas de cabeza con las rodas. Anochecía cuando viraron al noreste –rumbo sesenta y cinco grados– al encuentro con la Primera Flotilla. Pero a quien descubrieron, pasada la medianoche, fue a los tres cruceros nacionalistas, navegando tan sólo a dos mil metros por babor de la Segunda Flotilla. La oportunidad nocturna tantas veces soñada por los republicanos venían a ofrecérsela en bandeja sus propios enemigos. El destructor *Barcaíztegui*, buque guía, no se lo pensó dos veces, lanzó dos torpedos contra el buque de cola –el *Cervera*– y dio orden de ataque seguido, en este orden, por los *Antequera, Lepanto, Gravina* y el más antiguo *Lázaga.*

De este primer ataque ni se enteraron los franquistas, pero, al ver pasar destructores por su popa, tocaron zafarrancho de combate y aumentaron la velocidad a veintiséis nudos. Sin duda se maldijeron por el exceso de confianza, suponiéndose ya torpedeados, de lo que sólo su buena fortuna les habría salvado. ¿Qué hacer, retirarse a toda velocidad sin señalarse de unas aguas infestadas de buques menores, o aceptar el combate, con gran riesgo de señalarse para el enemigo? Fiados a su habitual superioridad, optarían por esto último; pero antes, en un exceso de celo, Vierna decidió dar un rodeo en torno al convoy, para protegerlo de un ataque enemigo. Tan confusos como sus enemigos, nada descubrieron, invirtiendo entonces el rumbo que llevaban desde el principio, es decir, del suroeste al noreste, lo que selló la suerte del *Baleares* y habría podido ser el fin de toda la división. Cogidos por sorpresa, el almirante y su estado mayor mostraron bastante más arrojo y precipitación que inteligencia.

También sorprendidos tras el fugaz primer contacto, los destructores republicanos viraron al sur efectuando una fuerte estrepada, y luego pusieron rumbo a sus bases. Lo que les condujo, inadvertidamente, de nuevo de vuelta encontrada, a las 01:15 sobre sus enemigos; estos vulnerables colosos incurrieron ahora en el gravísimo error de abrir fuego para penetrar la oscuridad, descubriéndose y provocando la respuesta del *Libertad* sobre ellos. La espectacular zarabanda fue la cobertura perfecta para que la Segunda Flotilla republicana llegara a posición de lanzamiento, y, sin que nadie les hostigase, lanzaran al agua sus mortales torpedos. El *Sánchez Barcaíztegui* disparó cuatro, cinco el *Almirante*

Antequera y tres el *Lepanto*; por enfermedad del titular, había tomado el mando del último el teniente de navío David Gasca, que en un escueto parte de combate relata cómo llevó a cabo el ataque. Parece ser que fueron sus torpedos los que produjeron lo que se cuenta a continuación.

El lanzamiento resultó demoledor. A las 02:20 de la intensa madrugada el *Baleares* resultaba alcanzado por uno o varios artefactos submarinos en el pañol de municiones de la torre de proa, no protegido por el bulge, y volaba en una llamarada de más de mil metros de altura. Los testigos presenciales fueron muchos, pero uno de excepción, el luego capitán de fragata y escritor Luis de La Sierra, entonces un muchacho de diecisiete años sirviente de un montaje de artillería del *Almirante Cervera*:

> Al cabo de mucho tiempo por nuestra proa se escuchó una explosión sorda y grave bastante intensa. Casi inmediatamente, el crucero *Canarias* abrió el fuego por andanadas con todos sus cañones. Era un rugido impresionante el que brotaba de aquel poderoso buque en medio de la noche. El *Cervera* navegaba a gran velocidad, y, de pronto, escoró. Sin duda habíamos cambiado de rumbo. De pronto surgió y desfiló por nuestra banda de babor, no pude imaginar a qué distancia –aunque desde luego no debió de ser mucho mayor de los mil metros–, un fantástico brasero ardiente, un verdadero fanal de fuego de color rojizo, amarillento, cuya contemplación en la noche sobrecogía el ánimo. Me causó extrañeza el que ardiese silenciosamente, sin que llegase hasta nosotros el crepitar de unas llamas que sin duda existían, pero que, al no poder individualizarse debido a la distancia, creaban la impresión de un globo de fuego. ¡Era el *Baleares*!

En aquel momento, el *Cervera*, y con él nuestro cronista, estaban corriendo un riesgo mortal, pues se silueteaban claramente para los republicanos contra el incendio del *Baleares*. Pero, azares de la guerra, la ocasión esta vez no fue aprovechada. Así que sigamos con la narración:

> Casi simultáneamente, el puente desapareció. La mayor parte de él fue lanzada por los aires, y lo que quedó no era más que un montón disforme de hierros espantosamente retorcidos ardiendo con furia. El almirante y todo su estado mayor; el comandante del buque y sus oficiales de derrota; timoneles, señaleros y radiotelegrafistas; los serviolas y todo el personal de la dirección de tiro, recibieron una

> muerte casi instantánea. La enorme chimenea y el palo de proa, pese a su alejamiento del foco de la explosión, cayeron sobre la cubierta principal y allí quedaron hasta que el buque se hundió unas horas más tarde. Mientras tanto, la pintura, el linóleo, los tanques de petróleo, las pólvoras y hasta los hierros recalentados al rojo vomitaba un volcán de fuego que se remontaba desde las rotas entrañas del malhadado buque hasta más de cuarenta metros por encima de su cubierta exterior. Aquel dantesco espectáculo quedaría preso para siempre en mi retina.

Es la breve y sobrecogedora descripción del fin del *Baleares*, una de las mayores tragedias de la Armada española durante el siglo XX, pero también de las consecuencias de la más detestable de las guerras, la guerra entre hermanos. No menos estremecedor resulta el parte del oficial superviviente más antiguo, el teniente Manuel Cervera, a bordo del buque sentenciado, del que extraemos:

> Al principio ignoraba dónde me encontraba, pero, poco tiempo después, al resplandor de un gran incendio en cubierta a la altura de la chimenea, pude comprobar que me encontraba en el espacio de los lavabos de fogoneros. Se veía una gran brecha en el costado, de unos diez o doce metros, por la cual penetraba la mar mezclada con petróleo, y hacia crujía, en el sitio correspondiente a las calderas, una gran columna de humo muy picante. Inmediatamente me incorporé y trepé por entre los restos a la cubierta superior, y, de esta, a la cubierta alta, oyendo continuas explosiones que cimbreaban el buque. En esta cubierta me formé cargo de la grave situación en que se encontraba el buque, inclinado ya unos quince grados hacia proa, un gran incendio en el centro y otro en los puestos de popa y superestructura que incomunicaba con la toldilla. El jefe de máquinas subió a cubierta y me comunicó que las máquinas se habían parado totalmente y que se encontraba sin comunicación con el puente. Viendo que era el oficial más antiguo, ordené inmediatamente desalojar y arrojar al agua los proyectiles de las cajas de urgencia de cubierta.

Tras tomar estas y otras atinadas medidas, Cervera intentó comunicar con el puente, sin conseguirlo. Nosotros ya sabemos lo que había sido del puente y todos los desdichados que se hallaban allí. Por lo que:

> Vista la imposibilidad de hacer uso de las máquinas, ordené el cierre de sus puertas estancas y su abandono, pasando el personal a colaborar en la extinción de los incendios. Los heridos fueron trasladados y clasificados en la cámara de torpedos, y los de cubierta, agrupados en la toldilla, una vez lograda la comunicación con ella por la total extinción del incendio por babor.
>
> Próximamente a las 04:00 se avistaron las luces de dos buques que se aproximaban. Les hice señales con lámparas de mano, y, al comprobar que eran destructores ingleses, les rogué se acercaran por tener muchos heridos a bordo. El buque estaba ya más inclinado hacia proa y con unos veinte grados de escora hacia babor, las hélices medio fuera.

Estos destructores eran los *Boreas* y *Kempenfelt*, que vieron la explosión y se aproximaron, puesto que, una vez alcanzado el *Baleares*, sus compañeros habían puesto pies en polvorosa. Posteriormente, los republicanos hicieron mucho hincapié en esta «huida» de los cruceros supervivientes, que les dejaba dueños del terreno; lo cual no era sino el reconocimiento del capitán Rafael Estrada, al mando del *Canarias* y ahora de la división, del letal avispero en el que se habían metido. Los republicanos acababan de conseguir una incontestable victoria, dando una lección a sus enemigos en la que lo de menos era quién quedaba dueño de qué; escapar de allí sin más daños todo lo que cualquiera con sentido común hubiera hecho.

Uno de los destructores británicos, el *Kempenfelt*, intentó abarloarse al *Baleares* para salvar los náufragos y heridos; pero el moribundo crucero abatía por efecto del viento y no pudo hacerlo con seguridad. El trasbordo tendría que hacerse con lanchas, por orden, primero los heridos graves, luego los leves, por último los hombres sanos. La evacuación se llevó a cabo con disciplina, y algunos hombres, entre ellos Cervera, estaban a bordo sobre las 05:00, cuando el buque, escorando a estribor, hizo su última pirueta. Por último, después de haber aguantado por su gente, el *Baleares* desapareció hundiéndose verticalmente.

Llegaron entonces al lugar otros dos destructores británicos, los *Blanche* y *Brilliant*, y, finalmente, a las 07:20, aparecieron el *Canarias* y el *Almirante Cervera*, que habían empleado esas horas de la noche en escoltar al convoy hasta el cabo Tres Forcas, como era su misión. El segundo trasbordo, de los barcos ingleses a los españoles, comenzó inmediatamente; a Cervera lo rescató de la mar un bote del *Boreas*. Pero, con el día, la aviación republicana descubrió la agrupación de buques, y, confundiendo al *Canarias* con el desaparecido *Baleares*, nueve bombarderos Katiuskas republicanos lo tomaron por blanco. La metralla de sus bombas alcanzó al *Boreas*, produciendo la muerte del marinero Long. De nuevo ambos cruceros supervivientes se pusieron en marcha, efectuando difíciles maniobras en círculo y zigzag, para terminar retirándose rumbo a Palma, donde acordaron con los británicos llevar los náufragos. Todo había terminado, y desde entonces el *Baleares*, cuya tumba en sondas de más de mil metros de profundidad no consta haya sido profanada, reposa el largo sueño de un barco sin finalidad concreta que acabó encontrando temprano fin en la misma extensión marina donde se hallan las islas que le dieron nombre.

PARTE DE COMBATE:

El *Baleares* sufrió gravísimos daños; extractando del informe del teniente de navío Cervera:

- Un impacto de torpedo al límite de la protección del bulge, que hizo explotar los pañoles de municiones de la torre A y desmanteló la sección de proa desde la flotación a la cubierta principal, dejando una tremenda brecha por la que entraba agua y salía petróleo. De resultas de esta explosión, desapareció el puente de mando; un reflector y trozos de los caparachos de las torres de proa aparecieron en la toldilla, y el palo mayor se vino abajo.
- Otro posible impacto de torpedo en la cámara de máquinas de proa, que hizo reventar las calderas y provocó una gran humareda. Un inducido de motor eléctrico se encontró también en la toldilla.
- Varios impactos de artillería de ciento cincuenta y dos milímetros en los puestos directores de popa que hicieron explotar cajas de municiones de urgencia, con un gran incendio.

A pesar de todos estos daños, que lo dejaron fuera de combate y convertido en un inútil chatarral flotante, aguantó casi tres horas a que la tripulación evacuara ordenadamente a los heridos. Durante la Segunda Guerra mundial, un «primo» suyo australiano, de la clase *County* subclase *Kent*, el *Canberra*, recibió durante la batalla de la Isla Savo daños parecidos, dos torpedos en las salas de calderas, y estuvo casi seis horas a flote hasta que lo remataron. Más adelante, en el encuentro naval de Tassafaronga, al más moderno crucero estadounidense *Northampton* le alcanzaron otros tantos torpedos en la cámara de máquinas de popa, hundiéndose a las tres horas con 58 muertos. En la misma batalla, también el crucero pesado *New Orleans* fue impactado por dos torpedos, que hicieron explotar los pañoles de municiones de las torres uno y dos de forma muy similar al *Baleares*. Sorprendentemente, no se hundió, pero sí se partió por la mitad; para estupefacción de su gente, tuvieron que ver cómo, en plena noche, el primer quinto de crucero, con decenas de muertos a bordo, pasaba junto a ellos y se hundía.

La conclusión es que los cruceros tipo «County», aun antiguos en los cuarenta, resultaban excepcionalmente robustos y difíciles de hundir por estar muy bien construidos y compartimentados. Por lo tanto, nota muy alta tanto para el comportamiento del barco tras el siniestro como para la tripulación. De otra forma bien distinta hay que calificar, sin embargo, la manera de almacenar la pólvora a bordo. Cervera cuenta cómo se quejaba el segundo de a bordo del almacenamiento de la pólvora italiana en los pañoles siniestrados, pues prefería verla bien apilada en jarras –como en el *Canarias*– o, si estaba en mal estado, desembarcada. Este fallo de condestables y artilleros provocó seguramente el estallido de los pañoles; dada la robustez del buque, puede que no se hubiera salvado de los torpedos, pero tal vez sí habría sobrevivido.

Errores del mando y errores constructivos se superpusieron maquiavélicamente para el trágico final. El *Baleares* era en su momento una máquina magnífica que jamás habría debido exponerse, por su tamaño y limitaciones, a un incierto combate nocturno en presencia de gran número de unidades torpederas enemigas. Fue exactamente lo que hizo, demostrando que aquellos que lo manejaban o bien desconocían su talón de Aquiles –y el del *Canarias*, al que expusieron también al mismo riesgo– o tenían en tan bajo concepto a sus enemigos como para exponerse suicidamente a que estos los destruyeran. En este siniestro, sin duda alguna, como en muchos otros, el factor humano jugó decisivamente, y los tremendos errores de no retirarse inmediatamente cuando se vieron metidos en el avispero, y abrir el fuego delatándose, sentenciaron el buque.

Dura lección que, sin embargo, se aprendió al pie de la letra, y su hermano el *Canarias* tuvo una larga vida, casi hasta el medio siglo. En

1976 era, además del único crucero tipo Washington del mundo –una pieza de museo del patrimonio naval mundial–, con el buque escuela *Juan Sebastián Elcano*, uno de los pocos restos flotantes de la España de primer tercio de siglo, además del único barco construido durante el período de la República. Poco importó; entendiendo algunos «entendidos» que recordaba la Guerra Civil y se había convertido en símbolo del régimen franquista, se le remitió al desguace en Ferrol. Marchó allí orgulloso, y puede que desairado, esta pieza naval de primera calidad, a la misma velocidad que dio en pruebas: treinta y tres nudos. Casi cuarenta años después, convertido en museo y a flote, sería una pieza única, un tesoro invaluable que se rentabilizaría por sí mismo, como otros barcos muy posteriores y de menor valor que se dedican hoy a este fin. Fue el sino de ambos magníficos cruceros: ser víctimas de factores humanos en momentos de gran desacierto.

Capítulo 5
Como una tragedia wagneriana
Hundimiento del crucero *Hood*, sur de Groenlandia, mayo de 1941

DISPERSOS POR LA MAR

Cuando la Royal Navy, durante la Primera Guerra Mundial, sufrió la estrepitosa e inoportuna derrota de Coronel, frente a las costas de Chile, el anciano, genial e irascible almirante Fisher gruñó indignado: «Miren nuestras fuerzas, divididos, desperdigados, fuertes en ningún sitio, débiles en todos». Un cuarto de siglo después, cuando el almirante sir John Tovey emprendía la cacería del mejor acorazado jamás construido, el alemán *Bismarck*, con toda justicia podía haberse quejado de lo mismo. A pesar del impresionante despliegue que sus unidades debían componer sobre la carta del Atlántico Norte desplegada en los secretos sótanos del Almirantazgo, cualquier conocedor se habría dado cuenta de un hecho: de las cinco diferentes agrupaciones de poderosos buques de guerra disponibles, ninguna podía enfrentarse en condiciones de igualdad al *Bismarck* y su escolta, el crucero pesado *Prinz Eugen*. Fuertes, pues, en ningún sitio, débiles en todas partes. La única posibilidad de atrapar con garantías aquel poderoso felino salido de su guarida del mar Báltico tenía que pasar necesariamente por el complicado encaje de bolillos de unir dos de los grupos para hacer frente al enemigo, esperando que este tuviera la atención de permitir que la unión se llevara a cabo para poderlo destruir.

Desgraciadamente para Tovey, habían quedado muy atrás los tiempos en que el enemigo esperaba a pie de espada que el tramposo inglés de turno le robara la cartera. Como bien sabían los británicos, levantarles la partida a los teutones era no sólo asunto arduo y presumiblemente sangriento, sino uno en el que el cazador podía resultar cazado. Negocio, pues, para echarse a la responsabilidad con la cabeza fría y serena, huyendo de apresuramientos, urgencias y coces, y en el que si había que rehuir al enemigo mientras te llamaba cobarde, pues se le rehuía y ya está, como hizo el propio «Duque de Hierro» lord Wellington para ganar la guerra de España. Pero vaya usted a hablarle de serenidad, precisión y superioridad garantizada a un improvisador nato, belicoso y atropellado como el primer ministro sir Winston Churchill. El *number one* de Downing Street quería el escudo de armas del *Bismarck* colgado en su cuarto de trofeos, y lo quería ya, pues para eso gobernaba el país que durante los últimos dos siglos había presumido de reinar sobre las olas; y si en la empresa era necesario correr ciertos riesgos, pues para eso estaba allí la cabeza del almirante Tovey. Así que nada de dudas: acción rápida, contundente y definitiva. No mirar atrás ni tratar de aplicar las lecciones de millares de muertos bien sabidas desde la batalla de Jutlandia, cuando tres preciosos cruceros de batalla lanzados contra coriáceos buques alemanes como el *Bismarck* saltaron literalmente por los aires con sus tripulaciones al completo. En uno de ellos, el *Invincible*, perdió la vida el contralmirante Horace Hood, descendiente de sir Samuel Hood, figura de la Royal Navy del siglo xviii. Nada, pues, de pararse a reflexionar. Ejecutar y asumir las consecuencias.

Así fue cómo, a mediados de mayo de 1941, cuando el almirante sir John Tovey supo que el *Bismarck* y el *Prinz Eugen* estaban fondeados en un fiordo noruego, prestos a abrirse paso hacia el océano Atlántico, envió apresuradamente a Islandia al acorazado *Prince of Wales* –gemelo de su buque insignia–, tan nuevo que aún estaba sin terminar, y el crucero de batalla *Hood*, bautizado en honor de aquellos y tan viejo como para correr riesgo cierto de repetir la voladura de sus tres antecesores, ambos a cargo del almirante Lancelot Holland, que, a pesar de su mítico nombre de pila, o tal vez por ello, estaba destinado a protagonizar una breve pero estremecedora tragedia wagneriana, y, sobre todo, a pagar con su vida todos los platos rotos.

GLORIA Y DESASTRE BRITÁNICOS

Estar desperdigado, en efecto, es destino inevitable de aquel que pretende dominar una gran área con pocos efectivos; fue una enfermedad sufrida crónicamente, sin ir más lejos, por el imperio español de Indias, que las pasaba canutas para concentrar sus fuerzas cada vez que los feroces piratas y filibusteros ingleses atacaban en un punto insospechado. Ahora, por medio de los alemanes, los británicos recibían sobre su tráfico de convoyes una fuerte dosis de su propia medicina, lo que nunca viene mal para que la justicia ajuste cuentas por sí misma a la vuelta de los siglos. Las intenciones germanas, desde luego, no podían ser más aviesas. Se trataba, con las mejores unidades de su Marina –que no eran muchas, pero sí excelentes–, de dislocar e interrumpir el tráfico británico de convoyes de barcos mercantes, obligando al Almirantazgo a escoger: o nos persigues, dejando los convoyes desguarnecidos, o te dedicas a protegerlos, olvidándote de nosotros y permitiéndonos campar a nuestras anchas. Puestos en la disyuntiva, con muy buen juicio los británicos optaron por lo segundo. Eso había permitido que varios modernos buques de guerra nazis, el acorazado *Graf Von Spee*, sus gemelos *Admiral Scheer* y *Lutzow*, los potentes cruceros de batalla *Scharnhorst* y *Gneisenau* y el crucero pesado *Admiral Hipper* efectuaran largos cruceros oceánicos atacando intereses enemigos, y (salvo el primero) pudieran regresar luego a la patria impunemente con una larga lista de éxitos en las alforjas.

La prensa británica tronó contra esta ignominia. ¿Cómo era posible que unos pocos buques enemigos pudieran señorear los mares sin que la poderosa Royal Navy les parara los pies? La respuesta es ya conocida: los ingleses se veían forzados a realizar el poco lucido y nada mediático papel de escoltar los vitales convoyes con los suministros que mantenían con vida la metrópoli. Además, como bien sabían los lores del Almirantazgo, no todos los buques británicos podían enfrentarse con garantías de éxito al *Bismarck*. Esto merece una explicación: el verdadero «gurú» o ideólogo de la construcción naval británica había sido el mentado almirante Jackie Fisher, creador, en sus buenos tiempos, del crucero de batalla, y también del «superacorazado» *Dreadnought* (por el primero de la serie), que dejó anticuado todo lo anterior a comienzos del siglo XX. Pero los alemanes, poco respetuosos de la patente –en especial si había motivos bélicos por medio–, habían construido rápidamente sus propios *dreadnoughts*, contrarrestando la ventaja británica. ¿Cómo llevar sobre la flota alemana la

Esta magnífica estampa del crucero de batalla *Hood* nos hace comprender con facilidad por qué asombró y encantó a nuestros antepasados aficionados a los barcos; sus defectos, no obstante, estaban ahí también, escondidos tras un fino velo que el combate final con el *Bismarck* rasgaría traumática e inevitablemente.

poderosa artillería de gran calibre de un *dreadnought* sin que este tuviera tiempo de poner pies en polvorosa? La solución, pensó Fisher, era un barco grande, enorme (más que un acorazado) y también más rápido, al que llamó crucero de batalla.

El crucero de batalla era el héroe cruzado, el valiente Lanzarote que, completamente desprovisto de protección y fiando todo a su pericia, agilidad y rapidez, acomete al enemigo para darle el golpe de gracia. «La velocidad es coraza», había dicho Fisher, y nadie se atrevió a rechistarle. Como consecuencia de esta aventuradísima teoría del barco desequilibrado, tan destinada al fracaso como la precedente del almirante Aube y su famosa «Escuela Joven» que pretendió consagrar al torpedero como buque fundamental de las flotas, verían la luz varias series de cruceros de batalla, los pioneros *Invincible*, luego los *Lion* y el *Tiger*, por último los escandalosos –por su desequilibrio– *Renow, Repulse, Furious, Glorious* y *Courageous* (los tres últimos finalmente reconvertidos a portaaviones), y el último de tan desafortunada «saga»: el *Hood*.

El *Hood* (de 1920) tenía, como enorme y esbeltísimo buque de guerra que era, toda la belleza de un gigantesco corcel mágico de los mares y todos los defectos de sus hermanos que habían saltado por los aires en Jutlandia. Al incorporarse a la flota con el cese de las hostilidades, no tuvo que entrar en combate; parecía magnífico, y como todo lo que parece sin ser puesto a prueba, acabó por ser considerado como tal. Durante los siguientes veinte años, la Royal Navy paseó el soberbio *Hood* por medio mundo como muestra de su poderío, y todos los que lo vieron «tragaron» igual que habríamos tragado nosotros y tragaron nuestros abuelos cuando vieron su magnífica estampa en los puertos españoles durante la Guerra Civil. Pero tanto en la oficina técnica del Almirantazgo como en otros selectos estados mayores no británicos tenía que saberse que el *Hood* no era más que un enorme fraude, un precioso cambalache de cartón piedra destinado a impresionar al enemigo, pero no a hacerle frente.

Por el contrario, los alemanes, poco habituados a montajes publicitarios, desecharon el engañoso espejismo del crucero de batalla y se dedicaron a perseverar en la línea del superacorazado de segunda generación, que combatiría en la Segunda Guerra Mundial. De hecho, tenían planos y proyectos de la misma época del *Hood*, pero mucho mejores, materializados con los excelentes pero nada mediáticos *superdreadnoughts Baden* y *Bayern*, hundidos de manera escasamente brillante –cuando ya se habían rendido– en la «afrenta» de Scapa Flow. Pero los planos de tan soberbias unidades quedaron ahí, en el cajón, y fueron los que los proyectistas germanos desempolvaron cuando tuvieron que dibujar –el PC es invento reciente– las líneas maestras de los que serían mejores, más robustos, equilibrados, protegidos y armados acorazados que hayan existido, el *Bismarck* y el *Tirpitz*, seguidos muy de cerca tan sólo por los *Missouri* estadounidenses y los *Littorio* italianos, pues los más grandes del mundo, los *Yamato* japoneses, fueron sólo monstruos desproporcionados predestinados al sacrificio inútil.

¿Qué habían hecho, entretanto, los ingleses? Pues, aparte de presumir de crucero de batalla y darse un atracón de Tratado de Washington, poca cosa: tenían dos series de acorazados, los *Queen Elizabeth* y los *Revenge*, perfectamente aptos para ser modernizados y puestos al día, ahorrando así un dinerillo donde los demás tiraban la casa por la ventana. Finalmente arrastrados por la «presión ambiental», construyeron dos acorazados muy potentes pero lentos y estrambóticos, los *Nelson* y *Rodney*, y sólo la proximidad de un nuevo conflicto les obligó a encargar la serie de modernos

–y mediocres– *King George V*, de la que formaba parte el *Prince of Wales*, manteniendo, aparte del *Hood*, otros dos cruceros de batalla más pequeños en las listas, *Repulse* y *Renow*. Sólo este último sobreviviría, como antigualla de museo, a la Segunda Guerra Mundial, demostrando que la Marina británica, al insistir en mandar al combate estos barcos, no sólo no había digerido las lecciones de Jutlandia, sino que parecía seguir creyéndolos útiles y eficaces, engañándose a sí misma y haciendo correr riesgos terribles a su gente.

Pero ¿cuál era la diferencia entre el largo y esbelto *Hood* y un compacto y sólido acorazado como el *Bismarck*? En realidad, su armamento principal era el mismo –ocho cañones de 381 mm en cuatro torres dobles giratorias– y, por los números de su desplazamiento, podríamos pensar que se trataba de buques de guerra de igual tamaño aproximado. También su velocidad máxima era similar (ligeramente superior a treinta nudos). Pero, por lo demás, no se parecían en nada: el *Hood* era un barco concebido para irrumpir en el combate a gran velocidad, machacar al enemigo sin que tuviera posibilidad de réplica, y desaparecer. El *Bismarck*, de concepto más realista, era capaz de devolver golpes impresionantes, pero también de soportarlos sin inmutarse y aguantar peleando hasta alcanzar una resolución final. Mientras que uno encarnaba al atrevido y diestro Héctor atacando casi a pecho descubierto, el alemán estaba dispuesto a defenderse con la armadura y tozudez de un Aquiles seguro del triunfo final.

La Marina británica alegaría después que no conocía el armamento ni la protección del *Bismarck* cuando mandaron al *Hood* a luchar contra él. Sí debían, no obstante, de ser muy conscientes de las debilidades de su crucero de batalla. Sus antecedentes, *Invincible, Indefatigable* y *Queen Mary*, habían volado en Jutlandia por disparos del *Lutzow, Von Der Tann, Seydlitz* y *Derrflinger*, respectivamente, con una protección vertical –para disparos rasantes– entre dieciocho y veintidós centímetros de grueso, pero con sólo entre dos y cuatro centímetros para proyectiles que llegaran en tiro parabólico, desde gran distancia. Los barcos solían tener menos coraza horizontal que vertical por la menor posibilidad de acierto remoto, y porque un proyectil que vuela como un pájaro pierde toda su energía cinética por el aire e impacta con mucha menos contundencia que otro disparado a quemarropa. Jutlandia había demostrado la debilidad de la protección horizontal de los cruceros de batalla. El *Hood* se protegió con treinta centímetros de coraza vertical, pero la horizontal sólo aumentó con respecto a sus difuntos hermanos de cuatro a ocho centímetros. Para hacernos una idea comparativa, el *Bismarck* tenía treinta y dos centímetros de protección vertical, y de ocho a diecisiete centímetros vertical. Esto no sólo significaba una diferencia abismal respecto al *Hood*, sino que, también, al ser un barco más moderno, se tenía mayor confianza en la precisión del tiro que en los antiguos; por lo tanto, sus impactos «desde arriba» serían más probables. En otras palabras, la protección vertical del *Hood*, aun siendo mayor que la de sus hermanos, podía resultar insuficiente. Así sucedería.

Como resultado de estas deficiencias, el *Hood* tendría que combatir acortando distancias rápidamente, evitando que le «llovieran» proyectiles alemanes del cielo, mientras que el alemán podía esperar a su enemigo sin temor alguno. Desde el punto de vista táctico, esto tenía un grave inconveniente: el *Hood* y el *Bismarck* estaban «cambiados» de bando. En efecto, el *Hood* era el obligado a interceptar la derrota de sus enemigos mientras salían del estrecho de Dinamarca cerrándoles el paso para «cortarles la T» disparando todos sus cañones, pero no podía hacerlo por la fragilidad de su protección, debiendo atacar para acometer reduciendo las distancias; mientras que los alemanes, debiendo acometer a su enemigo, podían permitirse esperarles a pie firme, cortándoles por su parte la T a la perfección. El que debía atrapar a su enemigo era víctima de sus debilidades, mientras que el destinado al papel de víctima podía rechazar la acometida no dejando para su rival otro lugar que el de cazado. Este cambio de rol sería funesto para los británicos.

Sin más consideraciones, vamos con la crónica de los hechos. El *Bismarck* y el *Prinz Eugen* zarparon el 21 de mayo de 1941 del fiordo de Bergen para ejecutar la Operación Rhin contra el tráfico marítimo inglés. Estaban al mando del almirante Gunther Lütjens, conocido también por el apodo de el *Diablo Negro*, un experto naval procedente de los destructores que durante todo el inicio del año había protagonizado una operación muy parecida y por completo exitosa, la Operación Berlín con los buques de batalla *Scharnhorst* y *Gneisenau*, atrapando en dos meses tres convoyes a los que hundió veintidós barcos mercantes. Lütjens tenía la consigna de repetir si podía, pero, en caso contrario –los alemanes no se hacían ilusiones–, debía procurar atraer sobre el *Bismarck* a la escuadra inglesa para que el *Prinz Eugen* atacara el tráfico mercante inglés. Con no demasiadas alternativas, Lütjens escogió, para irrumpir en el Atlántico, el paso del estrecho de Dinamarca, que atravesó el 23 de mayo, topándose inesperadamente con el crucero inglés *Suffolk*, que, con el *Norfolk*, vigilaban el lado de Groenlandia, y de la parte de Islandia, respectivamente, en dicho paso. Sólo siete minutos después, el almirante Holland, a bordo del *Hood* y al sur de Islandia (a unas trescientas millas de los buques alemanes), supo que sus adversarios acudían a la cita y que él era el encargado de detenerlos.

Lancelot Holland procedía de los veteranos acorazados tipo R, con los que había llevado oro del gobierno británico a Canadá con la declaración de guerra. También participó en los combates contra italianos y franceses en el Mediterráneo. Ahora, mirando sin ver las olas que macheteaban por las amuras del formidable crucero de batalla en el que izaba su insignia, tuvo que darse cuenta de que había llegado la hora de la verdad. Tal vez pasó por su mente la velada imagen del almirante sir Christopher Cradock, enviado como él, al combate con barcos inferiores a los del adversario en Coronel. Pero no dudó un momento en arrumbar con sus dos unidades hacia el enemigo. Tal vez pensara que si lograba sorprender a los alemanes atacándolos de forma contundente con la artillería de sus buques podría averiarlos lo suficiente como para entablar combate igualado a corta distancia. Al fin y al cabo, sobre el papel, su división –un crucero de batalla y un acorazado– era superior a la del enemigo –un crucero pesado y un acorazado–, así que nada había que temer. No era momento de quejas ni reproches, sino de utilizar resuelto lo que tenía para tratar de desbaratar la peligrosa Operación Rhin hundiendo o causando daños graves a aquellos que habrían debido materializarla. Fue lo que hizo exactamente.

Por su parte, el almirante Lütjens debió de sentirse lógicamente molesto: el enemigo le había descubierto, y ahora tendría que deshacerse de él. Lo intentó revolviéndose contra el *Norfolk* una hora después de que se revelara su presencia. Pero el crucero británico tipo *County* lo eludió para correr a refugiarse en un banco de niebla. Desde ese momento, él y el *Suffolk*, por medio del radar, mantendrían seguimiento del *Bismarck* hasta que Holland llegara a hacerse cargo. Lütjens, pues, no lograría desembarazarse de sus seguidores, lo que no auguraba nada bueno para él; puede, incluso, que llegara a sospechar que, a la mañana siguiente, su división tendría que luchar duro por su vida.

Entretanto, en el otro bando, el almirante Tovey arengaba por radio a los suyos a las once de la noche: «Confío en que los intercepte y los obligue a dar la vuelta», dijo a Holland, que, poco después de la

Ultima foto del crucero *Hood* tomada desde el acorazado *Prince of Wales*, navegando por su aleta de estribor contra un enemigo que le aguarda por el noroeste, nada menos que el *Prinz Eugen* y el *Bismarck*, que pronto empezarán a disparar sobre ellos. El combate del estrecho de Dinamarca apenas duraría unos minutos.

medianoche, ordenó zafarrancho de combate. Precisamente entonces, el *Suffolk* y el *Norfolk* perdieron el contacto. Se desgranaron un par de horas largas, pesadas, tediosas e irritantes, en las que los hombres, alertado el sexto sentido del depredador, debían de sentir la adrenalina circulando por sus venas incitándoles a la acción. A la madrugada siguiente tendrían que combatir, y para ellos, como para todo guerrero, sólo cabía la gloria o la muerte. ¿Qué pasaría por la cabeza de los tripulantes del *Hood* las últimas horas de su vida? Posiblemente, un desaforado optimismo y confianza en la victoria, que es el arma utilizada por el subconsciente para no caer en la sima de la depresión ante un incierto destino como el que afrontaban. Una vez perdido el contacto, Holland temió que los alemanes se escabulleran; para evitarlo, destacó sus destructores en línea de frente, por la proa, y arrumbó al norte. Con ello, perdía definitivamente la posibilidad de «cortarles la T» e interponerse en su derrota, apostando por la acometida frontal, con sólo la mitad de su artillería (cuatro cañones del *Hood* y seis del *Prince of Wales*) utilizables. Lütjens, por el contrario, podría utilizar toda la suya (dieciséis cañones en total), con lo que prácticamente «cortaba la T» a Holland, y los papeles quedaban así definitivamente cambiados para fatalidad de los británicos.

Eran las 05:15 de la madrugada cuando los cuatro «pesos pesados» que iban a entrar en liza –*Prinz Eugen* y *Bismarck* por los alemanes, *Hood* y *Prince of Wales* por parte británica, en este orden– se avistaron mutuamente, aunque por allí navegaban también al menos ocho barcos ingleses en misión de descubierta, los ya mencionados *Norfolk* y *Suffolk* y los destructores *Anthony, Achates, Electra, Echo, Icarus* y *Antelope*, que, explorando por delante, se habían pasado de largo y ya no podrían intervenir. Mientras se ultimaban febrilmente los preparativos dentro de los enormes cascos de los buques, fuera, en las altas torres directoras, ambos bandos asignaron los blancos: los blindados ingleses tirarían sobre el *Prinz Eugen* por equivocación, mientras los alemanes lo harían sobre el *Hood.* La corneta no tuvo que tocar pues llegaban todos con el dedo en el gatillo, con la emoción y excitación que es de imaginar; era un combate a muerte, que exigía un vencedor y un vencido. Así que todos los que entraban no podrían salir con vida.

A las 05:52, cuando estaban a poco más de doce millas de distancia, con el *Bismarck* por la amura de estribor del *Hood*, ambos líderes abrieron fuego. Los enormes proyectiles de trescientos ochenta y un milímetros de diámetro y casi novecientos kilos peso cada uno comenzaron a volar por los aires desde un agrupación a la otra, saliendo de los cañones con un estampido que habría empalidecido la más lograda «mascletá», y cayendo al otro lado como una lluvia letal que levantaba impresionantes palmeras de agua de la cruda y fría superficie de la mar. Holland y el capitán de navío Kerr –comandante del *Hood*– debieron de darse cuenta entonces del error, ordenando al *Prince of Wales* disparar sobre el barco de cola alemán, es decir, el *Bismarck.* Así que, por si no lo tuviera bastante bien, el flamante acorazado alemán, sus directores de tiro y sus artilleros gozaron de unos instantes iniciales de tranquilidad en los que no fueron molestados. Todo lo que necesitaban para hacer un trabajo impecable, rápido y de la máxima eficiencia, marca de la casa. Con la tercera salva de disparos, el *Bismarck* –o tal vez el *Prinz Eugen*, la disputa según los autores es interminable y aún está inconclusa– acertaron en la cubierta alta del *Hood*, incendiando las cajas de urgencia de munición antiaérea (como había sucedido en el *Baleares* durante el combate de Cherchel) con resultados más espectaculares que realmente efectivos.

No obstante, hubo que esperar muy poco por el desenlace definitivo: apenas cinco minutos. A las seis de la mañana, Holland, comprobando por la salva siguiente del *Bismarck* que ya tenía centrado al *Hood* –mientras que este disparaba con coraje pero sin acierto– ordenó caer veinte grados a babor para descentrarse. ¡Demasiado tarde! Como un rayo devastador, la quinta salva alemana llegaba por el aire, y se desplomó en la cubierta del combés del crucero de batalla, hacia popa. Hubo una llamarada entre la chimenea trasera y el palo de mesana del *Hood*, y, después, seguramente cuando aquellos letales proyectiles llegaron a las entrañas del buque –los pañoles de municiones de las torres tres y cuatro, haciéndolos estallar–, los asombrados alemanes vieron «una bola de fuego de color blanco amarillento» entre ambos mástiles de su enemigo. Luego brillantes estrellitas brotaron de una imponente humareda negra que puso bajo palio al desgraciado buque de guerra, mientras pedazos de todas clases brotaban de ella como desafiando la fuerza de la gravedad, cayendo acto seguido a la mar o desapareciendo de nuevo, como tímidos dragones, en la humareda. En las direcciones de tiro alemanas, donde se hallaba el oficial de más alta graduación superviviente de la posterior peripecia del *Bismarck*, el barón Von Mullenheim-Rechberg, los directores de tiro sentenciaron satisfechos que el *Hood*, como sus tres antecesores de Jutlandia, había volado. Hubo incluso quien, con este buque ya partido por la mitad y la proa ascendiendo hacia el cielo, vio disparar aún los cañones de las torres de proa.

Desde el *Prince of Wales*, que le seguía, se vio una gran explosión en el centro del buque insignia, «densas nubes de humo blanco amarillento quemándose, y gigantescas piezas brillantes ascendiendo cientos de pies en el aire». El capitán de navío Leach ordenó toda la caña a estribor para librar al *Hood*, partido por la mitad pero cuya popa aún flotaría

Uno de los tres únicos supervivientes del *Hood* fue el marinero Tillburn, el que estaba más cerca del lugar del impacto sirviendo en un montaje antiaéreo, y cuya descripción del desastre lleva a comprender que se salvó literalmente de milagro. Aquí pasea a su hermano pequeño alegremente.

un buen rato, e inmediatamente se encontró, ahora en difícil inferioridad, en combate contra los dos buques enemigos. Pero los hombres que más de cerca vieron, y además vivieron, aquella voladura del más hermoso buque británico de combate fueron sus tres únicos supervivientes, Briggs, Tilburn y Dundas, que, realmente, hicieron un horripilante viaje de ida y vuelta a los infiernos.

Probablemente fue el marinero R. E. Tilburn el que estuvo más cerca de la explosión. Destinado al montaje antiaéreo de la cubierta de botes, una granada sumió esta en un vendaval de metralla que lo derribó al suelo. Cuando logró incorporarse estaba inmerso en la imponente humareda, donde hacía el calor de un horno. Una compuerta metálica de un pañol pasó volando junto a él librándolo por los pelos. De pronto se encontró en el agua helada, arrastrado por la succión del barco pues tenía las botas enganchadas. Librándose de ellas, logró salir a la superficie, donde su barco ya no estaba. El señalero Ted Briggs se hallaba en la enorme estructura del puente de mando. Ni siquiera escuchó la explosión que tiró al suelo a todos los que allí se encontraban. Mientras trataban de incorporarse, oyeron al timonel reportar que estaba sin gobierno, así que el capitán Kerr ordenó pasar al de emergencia. Probablemente fuera lo último que hizo, pues, según el propio Briggs, «no pudo haber orden de abandono del buque pues el buque los abandonó a ellos».

El *Hood*, antes, durante, o tal vez después de partirse por la mitad, escoró a estribor, se adrizó luego precipitadamente, y comenzó a dar de banda a babor imparable. Briggs recordaría luego, al pasar por la salida de estribor del puente, la fugaz visión del vicealmirante Holland impávido en su lugar. Empezaba a descender por las escaleras cuando el agua le alcanzó; braceó luchando por su vida para salir a flote y evitar la gran superestructura que se hundía, notó la succión, y luego fue «escupido» a la superficie, donde encontró una imagen espectral: la enorme sección de proa del *Hood* plantada ante él verticalmente, sobre las aguas, como un monstruoso obelisco egipcio. Aunque cayó por estribor, había salido ¡por babor! No pudo más, volvió la espalda y huyó del demencial holocausto para evitar ser alcanzado por él, perdiéndose así la desaparición del buque bajo las olas.

Pero la experiencia acrobática más increíble fue la protagonizada por el guardiamarina W. J. Dundas, que ocupaba el *spotting top*, es decir, el punto de vigía de la cofa de proa; cuando el barco se hundió, el mástil trípode perdió el apoyo y la cofa se vio proyectada a las aguas, arrojando a Dundas por una de las ventanas que debió de romper con su cuerpo, hasta el agua. Dos horas después, cuando el destructor *Electra*, al mando de T. J. Cain, llegó al lugar de los hechos, encontró la mar literalmente tapizada de restos, maderas, balsas, botes rotos, papeles pero ¿dónde estaban los hombres? Cain deseó fervientemente dar con alguien a quien ayudar. Tuvo suerte: esperando por él entre las aguas, al borde de la congelación, estaban los tres únicos supervivientes de este catastrófico naufragio, a los que condujo al hospital en Reikjavik (Islandia). Al *Electra*, pues, le correspondió el papel del salvamento de los escasos náufragos; el destino de este barco, no obstante, estaba también sellado: al año siguiente, 1942, fue hundido por los japoneses combatiendo en la batalla del mar de Java, al otro extremo del globo.

El epílogo del combate del estrecho de Dinamarca lo pusieron, como no podía ser de otra manera, los poderosos buques aún en condiciones de combatir en la superficie. El *Prince of Wales,* ya en solitario, se enfrentó en un valeroso pero inútil duelo al *Bismarck,* que le alcanzó con cuatro impactos directos, mientras el *Prinz Eugen*, impunemente, le acertaba tres veces. Un impacto destrozó el puente de mando, donde sólo hubo dos supervivientes –uno de ellos el comandante– y los demás, en el casco, la torre Y y la grúa del hidro, le obligaron a embarcar seiscientas toneladas de agua. A las 06:09 (apenas diez minutos después de la voladura del *Hood*), el *Prince of Wales* dio media vuelta, lanzó tres torpedos, y, al amparo de una cortina de humo, se retiró del combate. Lütjens debió valorar entonces si perseguirle para rematarlo. El *Bismarck* había disparado casi un centenar de proyectiles, recibiendo tres impactos del acorazado inglés que le perforaron el casco a proa, agujereando los tanques de petróleo. Acabar con el *Prince of Wales* significaría gastar al menos dos centenares de proyectiles más, aparte de los daños que podía sufrir el *Bismarck* o el *Prinz Eugen*. Considerando que su cometido principal era la guerra al tráfico, Lütjens decidió dejar marchar al averiado acorazado inglés y arrumbar hacia el sur, su objetivo, para dar comienzo a la misión. Posteriormente, apologistas y críticos han alabado o denostado al almirante alemán por esta decisión, que, los días siguientes, sin apenas un respiro para degustar su magnífico triunfo, iba a tener que afrontar una crisis mucho mayor si cabe: su propia destrucción, inmortalizada en la literatura y el cine como *La caza del Bismarck*.

Terrible impresión artística del momento cumbre del combate del estrecho de Dinamarca, cuando el *Hood* vuela por los aires partiéndose en dos mitades en medio de una espeluznante explosión y el *Prince of Wales* ha de maniobrar para evitarlo y proseguir el combate. Un total de 1.416 marinos británicos perecieron en este desastre.

UN GOLPE ANONADANTE

El hundimiento del *Hood* significó un enorme trauma para los británicos; Ludovic Kennedy, tal vez exagerando un poco, cuenta que fue como «si hubieran asaltado el palacio de Buckingham, o el Primer Ministro hubiera sido asesinado, pues el *Hood* era un pilar integrante de los cimientos del Imperio Británico.» Lo cierto era que, al menos en este caso, la solidez del cimiento escondía un peligroso problema de aluminosis. De hecho, si las tres decenas de acorazados y portaaviones que componían la Royal Navy constituían la base sobre la que se asentaba el Imperio, en la Segunda Guerra Mundial no sólo quedaría su estabilidad comprometida, sino que la Royal Navy habría de sufrir reveses que arruinarían su prestigio, desbancándola de su afamado puesto como reina de los mares.

En efecto, durante el conflicto al menos diez de los grandes «pilares» ingleses serían destruidos. Aparte del *Hood*, fueron hundidos los acorazados *Royal Oak* y *Barham* por los submarinos U-47 y U-331, y los portaaviones *Courageous, Ark Royal* y *Eagle* por los U-29, U-81 y U-73, respectivamente. Al mismo tiempo de la caza del *Bismarck*, la Navy sufría una estrepitosa derrota en el Mediterráneo, escenario que creía tener controlado, a manos de la Lutwaffe ('aviación') alemana durante la conquista de Creta, en la que fueron hundidos tres cruceros (*Gloucester, Fiji* y *Calcutta*) y seis destructores, y averiados dos acorazados, dos cruceros y dos destructores. Realmente, sólo la Armada inglesa, y tal vez una o dos más, habrían podido soportar pérdidas de estas dimensiones, que representaban aproximadamente los efectivos completos de la Armada española antes de la Guerra Civil.

A cambio, la Navy logró encarrilar a durísimas penas la situación en la batalla del Atlántico, y, sosteniéndose en el Mediterráneo, creyó poder lanzarse a la defensa de sus enclaves orientales contra los japoneses. Estos le hundieron el *Prince of Wales* y el *Repulse* y la obligaron a ceder Singapur y emprender una vergonzosa retirada hasta ¡Madagascar!, mientras en el Mediterráneo, los «torpedos humanos» italianos echaban a pique los acorazados *Valiant* y *Queen Elizabeth* en Alejandría. Así que si lo del *Hood* había sido una terrible tragedia para los británicos –lo era, en especial, para las familias de las víctimas–, aquello no había hecho más que empezar.

En un siniestro de estas características, la fulminante desaparición del barco hace imposible la salvación de los tripulantes, y la supervivencia de Dundas, Briggs y Tilburn se antoja casi milagrosa, no sólo por el propio naufragio sino por las dos horas esperando a flote en las aguas del estrecho de Dinamarca, que fue un tiempo de rescate relativamente breve. Hoy sabemos que mantener cruceros de batalla como el *Hood*, el *Repulse* o el *Renown* en servicio de 1939 a 1945 como buques de línea, capaces de enfrentarse a iguales del enemigo, fue una temeridad, pues su concepto erróneo estaba completamente rebasado desde hacía muchos años, y en la década de los cuarenta sólo eran dinosaurios frágiles y expuestos. La guerra pondría las cosas en su sitio, permitiendo únicamente la supervivencia de uno de los tres. De hecho, ni el *Hood*, ni el *Bismarck*, ni los veteranos acorazados clase R y *Queen Elizabeth*, ni los más modernos de la clase *Nelson* y *King George V* habrían podido evitar lo inevitable, es decir, que las campanas doblaran ya para el acorazado como «capital ship» de las flotas, y con este tipo de buque, de la Royal Navy como dominadora de las rutas marítimas y los puertos del orbe; así que, una vez concluido el conflicto con la satisfactoria victoria para este bando, y a pesar de la anacrónica construcción del último acorazado inglés, el *Vanguard*, sólo quedaba por definir cómo la soberana cesante abdicaba en la nueva reina de los mares, que vendría a ser, por muchos años, la US Navy.

Capítulo 6
La mayor catástrofe del mundo
Hecatombe del *Wilhelm Gustloff*, mar Báltico, enero de 1945

MILES DE MUERTOS

Aunque sea difícil creerlo, existen casos tan desproporcionadamente monstruosos que las fuentes y cronistas acaban confundidos hasta en los calificativos que deben emplear. Seguramente lograremos acuerdo unánime al llamar tragedia inconmensurable aquella en la que a bordo de un solo buque encuentran la muerte nueve mil personas, triste récord absoluto de todos los tiempos. Sin embargo, cuando nos enteramos de que muchos de estos pasajeros eran nazis, militares o funcionarios del gobierno del III Reich alemán, puede que alguien tuerza la nariz recordando las atrocidades imperdonables de los campos de concentración. Como habría pretendido el más sagaz abogado, se ha sembrado la duda. Pero de aquí a considerar este hundimiento como un éxito clamoroso y condecorar a quien lo provocó, sin escrúpulo ni cargo de conciencia alguno, media un abismo que no ya las personas con algún atisbo de principios o humanitarismo, sino simplemente los que conozcan el significado de la palabra sensatez deberían considerar. Independientemente de su adscripción política, trabajo en el que se ocuparan, credo fanático al que sirvieran o gobierno que les tocara en suerte, en el naufragio del *Wilhelm*

Gustloff perecieron seres humanos, y, si no se tiene esto claro, será difícil llegar de una vez a consenso para aplicar justicia universal a criminales, asesinos, genocidas, psicópatas y exterminadores, pues bastará cambiar el bando o el adjetivo para que la culpa se disuelva en nada. Esto, por desgracia, nos retrotrae en la historia mucho más de veinte siglos, seguramente al borde de los tiempos en que ilustres trogloditas poblaban la tierra, cuando no el hombre de Cromañón.

Como no podía ser de otra manera, la tragedia inconmensurable se produce en un momento crítico de la historia, el final de la Segunda Guerra Mundial, tremendo conflicto y cataclismo humano que costó millones de víctimas y produjo que principios y creencias antes aceptadas como inconmovibles comenzaran a tambalearse. En el orden militar, el imparable avance del ejército soviético en el frente del este forzó el inevitable derrumbamiento de su homólogo alemán, que se había atrevido, en su demencia homicida, a desafiar al coloso ruso, y ahora pagaba las consecuencias. Bien sabido es desde tiempos inmemoriales que lo mejor que puedes hacer cuando invades territorio enemigo a gran velocidad y tu hazaña se ve coronada por el éxito –lejos de tratar de consolidar tus conquistas– es prever una rápida, eficaz y limpia retirada, posiblemente a mucha mayor velocidad de la que traías al llegar, si pretendes salvar la mayor parte de tu personal y efectivos.

A este problema se enfrentaban los mandos alemanes cuando los soviets pusieron pie en Polonia exterminando cuanto vestigio del III Reich o Alemania encontraban en su camino. El pánico se apoderó de todos los funcionarios y colaboracionistas hitlerianos, que, inutilizados los caminos, carreteras y vías férreas, corrieron a los puertos del mar Báltico en busca de pasaje que los reintegrara a la patria, lo más lejos posible del enemigo. Y allí, como perla del golfo de Dantzig, está la ciudad de Gdynia, que, en aquellos días, con el nombre de Gotenhafen, era una de las principales bases de la Marina alemana, la Kriegsmarine, que utilizaba varios barcos atracados en el puerto como cuarteles y alojamientos para tripulaciones submarinistas en fase de entrenamiento. Entre estos pacíficos buques hostal estaba el *Wilhelm Gustloff*.

Con absoluta conciencia de que, en tal situación, un minuto de retraso podía costar miles de vidas de sus compatriotas, el almirante Karl Dönitz, jefe de la Kriegsmarine (y que antes lo fuera de la flota submarina, trayendo en jaque a la Royal Navy, a la que causó serias bajas), activó la flota de transporte de la Marina (SEETRA) al mando del contralmirante Konrad Engelhhardt para que, auxiliado por los pocos barcos de guerra disponibles en el Báltico (crucero *Admiral Hipper*, torpederos y dragaminas), habilitara todos los buques de pasajeros, cargueros, transbordadores, remolcadores e incluso pesqueros para llevar a cabo una gran operación de evacuación del frente del este, de nombre en clave Hannibal, que conseguiría sacar de allí a casi tres millones de personas liberadas del cruel designio de sus enemigos. Fue el Dunkerque de los alemanes, una retirada terrible y desesperada que, a pesar de las dificilísimas condiciones en las que tuvo que llevarse a cabo, salvó millones de vidas. No obstante, también hubo que sufrir un número escalofriante de víctimas; entre ellas, las del buque que nos ocupa, el cual, marchando sobrecargado hacia un puerto seguro, acabó sus singladuras en el fondo del mar.

EVACUACIÓN Y HORROR

Para contar la historia del buque de pasajeros *Wilhelm Gustloff* hemos de retroceder a tiempos muy diferentes, un año, 1937, en que el III Reich y el nazismo florecían en una ilusión de mundo ideal que una especie de demencia colectiva como la padecida a veces en nuestros días –pero a mayor escala– aprobaba, haciendo ojos ciegos a las peores barbaridades si estas venían perpetradas con el sello del sacrosanto partido nacionalsocialista. Uno de los muchos «resortes» –nunca mejor dicho– de este último era el Frente del Trabajo (DAF) del que dependía la Fuerza de la Alegría (KdF), que bajo esta optimista denominación se ocupaba de premiar con viajes turísticos a grupos de afortunados y esforzados trabajadores. Precisamente para poder realizar estos viajes a todo lujo los astilleros de Hamburgo, célebres por haber construido los mejores buques de guerra alemanes, botaron también un moderno barco para el trasporte de pasajeros, de regular tamaño, poco más de doscientos metros de eslora, 25.484 toneladas de desplazamiento, cuatrocientos veinte tripulantes y capacidad para algo menos de mil quinientos pasajeros. La propulsión venía asegurada por modernos motores diésel, imponiéndose a la embarcación el nombre de un reciente mártir de la causa.

Como era un barco excelente, además de los cruceros, iba a aprovecharse para otros servicios; el primero, como transporte de tropas. Al finalizar la Guerra Civil española, un convoy de cuatro unidades de la KdF

El transatlántico para viajes de placer de la Alemania nazi *Wilhelm Gustloff*, destinado a protagonizar, muy a su pesar, durante la evacuación del frente del este en la llamada operación Hannibal a principios de 1945, una espantosa catástrofe con más de nueve mil víctimas, récord absoluto de la historia naval en un solo siniestro.

–*Wilhelm Gustloff, Robert Ley, Deutschland* y *Stuttgart*– además del *Sierra Córdoba*, cargados con medicinas, alimentos y pertrechos, llegó al puerto de Vigo. La Alemania fascista mandaba oportuna ayuda al flamante régimen del general Franco, con sus mejores deseos, y este devolvía agradecido los efectivos de la legión Cóndor, que zarparon en los mencionados buques rumbo a casa, regreso en el que fueron escoltados por los nuevos acorazados «de bolsillo» de la flota, *Admiral Graf Spee* y *Admiral Scheer*.

El siguiente cometido del *Wilhelm Gustloff* sería el más digno de su carrera. Poco antes de la invasión de Polonia fue habilitado como «barco lazareto» o barco hospital, pintado de blanco y con cruces rojas en el casco, trasladando numerosos contingentes de heridos del frente polaco a Alemania. En la primavera del 40 navegó a Oslo en busca de los heridos de la campaña de Noruega, que llevó a Sttetin y Schwinemünde. Asignado a partir de entonces a la cancelada Operación León Marino (invasión de Inglaterra), finalmente acabó en los muelles de Gdynia como barco cuartel

(«Wohnschiff») de los submarinistas. Estuvo cuatro años en este cómodo destino, junto a barcos como el *Cap Arcona* de 27.561 toneladas, y los *Hansa, Pretoria, Hamburg, General San Martín* y otros.

Pero, en enero de 1945, llegó la perentoria Operación Hannibal, y toda esta flota inactiva tuvo que entrar en funcionamiento para admitir a bordo cantidades ingentes de personas, hacinadas como si fueran ganado, o, más gráficamente, como sardinas en lata. Para hacernos una idea, el *Cap Arcona*, colega del Gustloff, en sólo tres viajes trasladó veinticinco mil personas –una ciudad pequeña– desde la bahía de Dantzig hasta Dinamarca, antes de ser inmovilizado en Copenhague con las máquinas fundidas, pues en todos los casos había navegado a la velocidad máxima –veinte nudos– que permitían sus calderas de fuel. Ello impidió que el submarino soviético L-3, del capitán de corbeta Konowalow, pudiera dispararle a la salida de la bahía de Dantzig, donde le tuvo a la vista.

Inutilizado el *Arcona*, quedaba el *Gustloff* entre los buques de gran capacidad, con el inconveniente de su menor velocidad, 15,5 nudos. Más de sesenta mil refugiados se apelotonaban en aquel momento en Gdynia para la huida, y la SEETRA disponía, además del *Gustloff*, de los *Robert Ley, Hamburg, Hansa, Deutschland, Postdam, Pretoria, Antonio Delfino, Winrich Von Kniprode, Ubena, Goya, Berlín, General Steuben* y *Monte Rosa*. Contra esta masa de buques cargados de refugiados indefensos, la Marina soviética remitió, desde la base de Hangö, un submarino especial, el S-13, con un comandante no menos peculiar, el capitán de tercera clase Alexander Marinesko.

El capitán Marinesko, ucraniano de Odessa, tenía fama de aficionado al vodka, además de un carácter difícil e historial particular, pues entre sus hazañas figuraba una deserción de tres días, al parecer por una aventura con una sueca. A pesar de todo, se le entregó el mando del submarino, una unidad excelente de la clase denominada luego en Occidente *Stalinets*, cuyo origen hay que buscar en los diseños alemanes hechos por estos en La Hague (Holanda) antes de que Hitler se pasara por la gorra las limitaciones del Tratado de Versalles como después tantas otras cosas. En resumidas cuentas, el S-13 (del que se construyeron al menos treinta y nueve ejemplares) era similar al tipo IX alemán, evolucionado a partir del célebre tipo VIIC que llevó el peso inicial de la batalla del Atlántico, algo más grande, un poco más veloz y con un tubo lanzatorpedo más (seis). Estas cosas fueron las que trajo para Alemania el pacto germano-soviético anterior a la invasión de Polonia.

Comunista hasta la médula, antinazi y aficionado al vodka, el comandante del submarino S-13, capitán Marinesko, de origen ucraniano, fue el autor del hundimiento del *Wilhelm Gustloff* y del *General Steuben* con una cifra conjunta de víctimas estimada en más de trece mil muertos; pasó el resto de su vida reclamando una condecoración para sus «hazañas».

Pero volvamos al puerto de Gdynia en plena y dramática evacuación. Estamos a finales de enero de 1945, y la nieve cubre los tejados, casas, barracones y tinglados en la inmensa base naval. También las aceradas superestructuras del acorazado *Gneisenau*; desarmado de sus tres grandes torres triples de cañones de doscientos ochenta milímetros, su casco flota alto y oxidado, pero aún majestuoso. A principios de 1942 este magnífico barco, con su gemelo *Scharnhorst* y el *Prinz Eugen* (que fuera compañero del *Bismarck*), había participado en la Operación Cerberus, el cruce a todo riesgo del canal de la Mancha por parte de la escuadra alemana, durante el cual resultó averiado por una mina. Sin embargo, había conseguido llegar a la patria para reparaciones; estando en Kiel le alcanzaron dos bombas de aviación aliadas, decidiéndose su traslado al entonces más seguro puerto de Gdynia. Se redactó para él un gran proyecto de remodelación, con casco alargado y nuevos cañones, así que los suyos se mandaron a Holanda y Noruega, para artillería de costas. Dicho proyecto nunca se llevó a cabo, así que allí quedó el enorme acorazado, mudo testigo de la auténtica marea humana que, en medio de la gélida madrugada (diez grados bajo cero) trataba de conseguir un sitio en los mercantes de pasajeros disponibles por la SEETRA. Pero pronto le llegaría su hora: menos de dos meses después, los alemanes lo sacarían a la bocana del puerto y lo hundieron allí, para dificultar el acceso de los rusos.

El *Wilhelm Gustloff* era uno de estos barcos. A su alrededor se arremolinaba una multitud tal que los centinelas se las veían y deseaban para impedir que lo abordaran en desorden, incluso haciendo uso de sus armas reglamentarias. Poco a poco, el que fuera buque de recreo y después hospital y cuartel fue llenándose de un cargamento humano masivo: 4.424 civiles refugiados, mil trescientas personas pertenecientes a diferentes escalafones de la Kriegsmarine (entre ellas casi cuatrocientos jóvenes del Cuerpo Auxiliar Femenino) y ciento sesenta y dos heridos oficialmente, pero en realidad, ¡qué duda cabe!, se dejó embarcar a muchos más, y estudios recientes demuestran que el número de refugiados casi se duplicaba, estimándose el número total de pasajeros en más de diez mil. La tripulación del buque la componían ciento setenta y tres marineros, bajo el mando del capitán Petersen de la marina mercante, con la supervisión de su homólogo Wilhelm Zahn de la Kriegsmarine.

No había un minuto que perder. Con aquella multitud a bordo acomodada de la mejor forma posible (las muchachas tuvieron que ocupar el hueco de la vacía piscina del buque, y de los servicios e higiene mejor ni hablar), a las 12:30 del día 30 de enero los remolcadores empezaron a tirar del *Gustloff* para sacarlo de puerto con sus casi mil toneladas de seres humanos a bordo. Pesadamente, los motores diésel fueron haciéndole avanzar hacia la bocana internándose en la bahía de Dantzig, buscando el saliente de Hela para montar el cabo Rozewie, en pleno mar Báltico. El último era el punto más peligroso, pues, como sabemos por el *Cap Arcona*, los sumergibles soviéticos acudían a acechar por allí. Como este último buque, el *Gustloff* no disponía de escolta; ante los submarinos, debería fiar todo a su suerte y velocidad. No así con los ataques aéreos, pues llevaba algunos antiaéreos instalados en su cubierta superior.

Fuera, un viento helador de casi treinta y cinco nudos fustigó el buque mientras la tarde iba cayendo y llegando las tranquilizadoras sombras, en las que el *Wilhelm Gustloff* podía pasar desapercibido. Muchos pasajeros se habían mareado a estas alturas, empeorando una salubridad general ya de por sí bastante precaria. El capitán Zahn sugirió emprender una derrota costera a lo largo de la costa de Pomerania fuera de las líneas del tráfico habitual, pero Petersen, sabedor de que un convoy de torpederos y dragaminas alemanes cruzaría por mar abierto, decidió unirse a él para recibir protección. Había caído la noche cuando el encuentro se produjo, pero tal vez no en la forma que Petersen esperaba: los torpederos y dragaminas, desperdigados en la marejada, apenas se veían entre las sombras de la oscuridad. Alguno debió de pasar por el costado del *Gustloff* a escalofriante distancia, y Petersen, al que tal vez costó más de la cuenta maniobrarlo, decidió algo que Zahn debería haber impedido tajantemente a aquellas alturas de la guerra, y aun a riesgo de una situación de abordaje que ellos mismos –no lo olvidemos– acudiendo al encuentro del convoy habían provocado: encender todas las luces y focos sobre los costados para señalarse sobre la mar.

La desafortunadísima medida resultó un auténtico suicidio que decidiría la suerte de más de nueve mil alemanes. En medio de la cruda y fría oscuridad, el *Wilhelm Gustloff* quedó de pronto inerme, desnudo, señalándose a sí mismo y atrayendo la voraz ansia depredadora de alguna alimaña que merodeara en las proximidades. Eran las 21:08 cuando el submarino soviético S-13, patrullando entre la isla de Bornholm y la costa de Pomerania a la altura de Stolpmunde –no lejos del bajo o «seco» de Storpen–, vio aquellas luces en la noche e hizo rápidamente por ellas. El S-13 era todo un veterano, que tenía en su haber el hundimiento de dos cargueros enemigos y había sobrevivido a un durísimo ataque con cargas de profundidad bajo el mando de otro comandante; de Marinesko ya tenemos referencias. Cuando avistó aquel gran barco de altos costados y más de doscientos metros de eslora que sólo podía ser enemigo, no se formuló demasiadas preguntas y, siguiendo órdenes cursadas por sus superiores, alcanzó posición de ataque y lanzó sobre él cuatro torpedos.

El primero acertó en la proa bajo la línea de flotación; el segundo en la sección media, a la altura de la piscina, donde pocos quedaron con vida, el tercero en la parte delantera de la sala de máquinas y el cuarto falló el blanco. Seccionado en tres fragmentos, el *Wilhelm Gustloff* tardaría cincuenta minutos en hundirse, durante los cuales quedó transformado en un aterrador matadero, un altar multitudinario del sacrificio donde la gente moría por centenares de la forma más horrible, ahogados, despedazados por las explosiones, aplastados por sus semejantes o abrasados por el fuego o el agua hirviendo de las calderas o el fuel incendiado, y lo hicieron en unas cantidades tan horrendas como ni el más sádico y bestial asesino hubiera podido imaginar. La guerra, aquella fría noche de 1945 en el mar Báltico, se quitó la careta para dejar ver su auténtico rostro, el corrompido y sangriento semblante de un carnicero Dorian Grey.

En este sello se puede ver un submarino ruso similar al S-13, que, en realidad, derivaba del tipo IX alemán, como consecuencia de la transferencia técnica derivada del pacto germano-soviético anterior a la invasión de Polonia por las tropas de Hitler. Se construyeron unas cuarenta unidades que luego se emplearon contra sus propios creadores, con resultados terribles, propios del Armagedón.

Horrorizados por la escena, los torpederos y dragaminas del convoy cercano acudieron en su ayuda. También lo hizo otro torpedero, el T-36, que escoltaba al crucero pesado *Admiral Hipper* cargado de refugiados, y los cargueros *Gotland* y *Gottingen*. Del convoy acudieron a toda prisa los torpederos *Löwe* y TF-19, rescatando cuatrocientos setenta y dos y siete náufragos, respectivamente, y los dragaminas M 387, M 375 y M 341, que sacaron del agua a ciento setenta y ocho personas. Los cargueros sólo pudieron salvar treinta supervivientes, y el *Vorpostenboot* 1703 hizo el auténtico milagro, localizando y arrebatando a las olas inmisericordes un pequeño bebé. Mientras aquella complicadísima operación de salvamento se llevaba a cabo, el S-13 buscaba nuevas víctimas, escogiendo al T-36, torpedero que llevaba rescatadas al mayor número de víctimas, casi seiscientas personas. Marinesko lo encuadró detenido sobre las olas y trató de hundirlo con dos torpedos, lo que habría sido origen de una nueva tragedia; por suerte, falló por poco, y el T-36, dando avante estremecido, entró a las dos de la tarde en puerto seguro. En total, sólo se pudieron salvar 1.239 náufragos de los más de nueve mil refugiados que iban a bordo del *Gustloff*.

Este se hundió en menos de un centenar de metros de sonda, y quedó reposando en tres trozos, la proa clavada en el fondo, la parte media volcada y la popa casi adrizada. El extraño pecio ha sido visitado repetidamente por buzos en los años subsiguientes, y aún sigue allí, extraño mausoleo sumergido de la tragedia naval más grande de todos los tiempos.

¿ASESINO O HÉROE?

Siempre que se afrontan situaciones desesperadas hay que hacerles frente con medidas difíciles y de alto riesgo. A principios de 1945, cuando el derrumbamiento final del frente del este, y, con él, de todo el sistema defensivo alemán ante el coloso soviético, presagia la aniquilación del Reich y el fin de la Segunda Guerra Mundial, tiene lugar una tragedia tan inmensa como la del *Wilhelm Gustloff*. Las circunstancias tan terribles y anómalas como la de la evacuación de millones de personas, civiles en su mayor parte, sumidas en el pánico más absoluto, incapacitaron a los responsables para tomar medidas lógicas o hacer que se respetaran a rajatabla protocolos imprescindibles para una mínima seguridad. Si a ello le sumamos la crueldad de un despiadado enemigo que había sufrido en sus carnes las aún más crueles consignas del bando que ahora huía, obtendremos el dramático caldo de cultivo en el que este triste récord de víctimas se produjo. Finalmente, *Hannibal* permitió la evacuación de unos dos millones de personas del frente este, pero entre veinticinco y treinta mil refugiados se dejaron la vida en el *Wilhelm Gustloff*, *General Steuben*, *Goya* y otros barcos hundidos por los soviéticos o en lamentables accidentes.

Es fácil criticar la sobrecarga de unos barcos hasta niveles nunca superados cuando no se ha estado en situación de decidir quién subirá a bordo –aun a riesgo de que lo atrape un submarino soviético– y quién se quedará en el muelle para caer en manos del enemigo; es fácil también poner en evidencia un sistema de organización y tránsito de convoyes incapaz de asegurar una mínima escolta para un barco que transportaba más de nueve mil personas, y que tuvo que correr como alma que lleva el diablo para procurársela. Y, por último, es muy sencillo criticar el tremendo error del capitán al encender las luces, pues el riesgo que corrió fue mucho mayor del que habría aceptado por un posible abordaje en la oscuridad. Lo que nadie habría deseado ni en la peor pesadilla es verse en una situación como esta de tan extrema y perentoria necesidad, llevando miles de almas a bordo y con ello una responsabilidad colosal, siendo consciente de que cada pequeña decisión puede tener consecuencias monstruosas. Fue el papel que tuvieron que asumir los desgraciados mandos del *Wilhelm Gustloff*.

Este crucero de vacaciones, luego buque hospital, finalmente cuartel y transporte de refugiados demostró ser un buque excelente. A pesar de recibir unos daños terribles, se mantuvo a flote durante unos cincuenta minutos, cuando otros buques similares de pasajeros, alcanzados por un solo torpedo, se hundieron casi instantáneamente, permitiendo así que más de mil doscientas personas se salvaran y fueran rescatadas; con permiso, claro, del capitán Marinesko, que, diez días después, redondeó su currículum particular echando a pique al *General Steuben* con otras tres mil víctimas. Finalizada la guerra, pretendió ser condecorado como héroe de la Unión Soviética, y acabaría sus días tristemente solo y alcoholizado.

Por lo que respecta a los pocos barcos que se salvaron de la operación masiva de rescate, el espantoso destino tenía reservados para ellos una tragedia aún mayor si cabe. Los *Cap Arkona, Deutschland, Thielbek* y *Athen* se refugiaron en el puerto de Lübeck, al fondo de la bahía del mismo nombre. Inmovilizados por falta de combustible, dotaciones y pertrechos, a mediados de abril las SS decidieron utilizarlos como buques prisión, trasladándose a bordo unas once mil personas procedentes del campo de concentración de Neuengamme. A principios de mayo, y temiendo una evacuación parecida a *Hannibal* del personal alemán en Noruega, los atacaron con cohetes aviones de la 263 escuadrilla de la RAF británica, destruyendo los cuatro buques íntegramente. Hasta 1950 estuvieron llegando cadáveres a las playas, en una cifra cercana a los tres mil. La horripilante cara de la guerra, lejos de suavizarse o terminar, se mostró capaz de alcanzar el más difícil y espantoso todavía.

Capítulo 7
El último de los grandes veleros
Desastre del *Pamir*, islas Azores, septiembre de 1957

NOSTALGIA DE OTROS TIEMPOS

Si hay una tragedia temprana para la Marina de la República Federal Alemana, en la casi inmediata posguerra, esta es la del *Pamir*. Cuando parecía que el siglo XX, con modernas motonaves y sistemas de comunicaciones, iba a lograr lo que no consiguió el XIX incorporando la Revolución industrial y el mundo del vapor –es decir, exterminar definitivamente de los mares la navegación a vela–, hete aquí que unos grandes, pocos y heroicos veleros de última generación se atrevían, sin ser totalmente buques escuela o yates particulares de recreo, a efectuar travesías al impulso de henchidas gavias, velachos y juanetes.

Para hallar el origen de esta estirpe de buques de vela tenemos que remontarnos a mediados del siglo XIX, cuando una serie de revolucionarios armadores, proyectistas y constructores estadounidenses revolucionan el concepto de buque mercante al sonido de una palabra: *Clip*, 'clíper', cortar, por oposición al concepto anterior de vaso, *vessel*, 'capacidad'. Los clíperes de Boston, Nueva York y Baltimore van a poner del revés el concepto de barco de carga, en el que lo importante era esta y la capacidad, por otra filosofía que concede prioridad al barco que transporta la carga y la velocidad. El velero mercante llega a ser obra tan notable que supera con mucho el valor del cargamento, tanto en talento invertido para el diseño –hoy lo llamaríamos I+D– como en destreza para la construcción naval y pericia para llevarlo a alcanzar las metas más notables. Había nacido la breve y apasionante era de los clíperes, que dejaron mudo de asombro al mundillo naval de la época.

Los clíperes eran barcos de ochenta a ciento diez metros metros de eslora, con desplazamientos de ochocientas a dos mil quinientas toneladas, tres e incluso cuatro palos de unos sesenta metros de altura cada uno, capaces de llevar unos cinco mil metros cuadrados de velas en total. Los cascos inusualmente largos y ahusados podían alcanzar fantásticas velocidades de hasta veintiún nudos, sosteniendo medias de dieciséis a dieciocho, navegando exclusivamente a vela. Verán la luz de 1840 a 1850, de la mano de un creador genial, el ingeniero John Griffiths, un osado capitán, Nathanael «Nat» Palmer, y un constructor visionario e incorregible, Donald McKay. De estos barcos comentarán sus propios comandantes cosas como: «Era de una belleza perfecta para cualquier hombre de mar. Podía hacer cualquier cosa excepto hablar» o «Caminaba sobre el agua como algo con vida», objetivizando más con «Fue puesto al límite de su velocidad durante tres meses, en un recorrido de quince mil millas». Pero llegando también, presas del entusiasmo, al límite de la jactancia: «En el último viaje asombré al mundo. En el próximo, intentaré dejar estupefacto a Dios Todopoderoso».

Los nombres que recibieron estas embarcaciones singulares fueron no menos llamativos: *Seawitch* ('hechicera de mar'), *Lightning* ('rayo'), *Stag Hound* ('galgo') o *Flying Cloud* ('nube voladora'), a los que realmente hacían honor en sus larguísimas rutas, logrando marcas como los setenta y cuatro días del *Seawitch* de Hong Kong a Nueva York en 1849, los ochenta y nueve días del *Flying Cloud* de Nueva York a San Francisco dos años después, los sesenta y ocho días –una semana menos que el vapor *Australia*– del *Marco Polo* de Liverpool a Australia al año siguiente, los doce días y diez horas del *James Baines* uniendo ambas orillas del Atlántico (Boston-Liverpool) en 1854, o el fantástico tiempo empleado por el *Red Jacket* en completar una circunnavegación completa del globo terrestre, sesenta y nueve días hasta Australia y regreso –por el cabo de Hornos– en sesenta y tres singladuras. El *White Star* marcó en 1860, en idéntica ruta, sesenta y ocho y sesenta y cinco días respectivamente. En 1867, el *Ariel* navegó de Hong Kong a Londres en ochenta días, y, al año siguiente, el *Thermopilae* unía Londres y Melbourne (Australia) en sesenta y tres días.

La Guerra Civil estadounidense, que produjo la pérdida de muchos clíperes, hizo entrar en decadencia la flota de la costa este; pero, entonces, los armadores británicos –es decir, el imperio– tomaron el relevo, llevando los clíperes a su edad de oro con las apuestas en célebres regatas oceánicas de las que la primera y más famosa fue la Carrera del Té, de Foochow, en el corazón de China, a los muelles de Londres, llevando literalmente repletas las bodegas de dicho liviano cargamento. La época de mayor esplendor fueron los años 66 al 69, que vieron los sucesivos triunfos de los clíperes *Taeping, Sir Lancelot, Ariel* y *Thermopilae* con marcas de noventa y nueve, ochenta y nueve y noventa y un días respectivamente. También la Carrera del Oro, de Nueva York a San Francisco por el cabo de Hornos («round cape Horn») gozó de gran popularidad, y, por último, la tardía Carrera de la Lana, de Inglaterra a Australia y retorno.

Lindando con el siglo XX, la Carrera del Nitrato, desde los yacimientos chilenos a las costas europeas, no sería atendida ya por clíperes, sino por *windjammers*, es decir, grandes veleros de acero. Es aquí donde arranca la historia del *Pamir*. Conforme fue llegando el final del siglo XIX, con la apertura del canal de Suez, los viejos clíperes de madera o materiales compuestos fueron perdiendo los mejores cargamentos, y abandonando las rutas transoceánicas. Sus deteriorados cascos se vendieron a otros países o navieras de segundo orden, o se perdieron en accidentes, incendios o embarrancadas. El humilde vapor *Canada* de la Cunard venció al magnífico *Sovereign of the Seas*, obra maestra de Donald McKay, por cuarenta y ocho horas en una travesía atlántica. Los postreros desafíos entre el *Cutty Sark* del capitán Woodget y el *Thermopilae* de Kemball señalaron el principio del fin; este último fue vendido a la Armada de Portugal, que lo tuvo como buque escuela y acabó por hundirlo en un ejercicio de torpedos. El *Cutty*, después de una época también «portuguesa», se salvó gracias al capitán Dowman del desguace para ser convertido en museo, aunque sufrió un gravísimo incendio en 2008, que estuvo a punto de destruirlo por completo.

Para finales del XIX el vapor lo ocupaba todo, pero aún existía algún excéntrico armador dispuesto a confiar en los veleros. La tradición constructora de clíperes en la costa este estadounidense produjo los tardíos *Down-eastners*, enormes veleros mercantes oriundos del estado de Maine más lentos que las fulgurantes creaciones de McKay en Boston, pero que, en aras de la rentabilidad, intentaban compatibilizar el viejo concepto de «vessel» con las cualidades de navegación de un clíper, pudiendo cargar con más de cinco mil toneladas –cinco veces más que aquel– y siendo capaces de llegar, con el mínimo de velas y nulo gasto en combustible, a cualquier parte del mundo. Sus proporciones alarmaron a algunos, y asombraron a otros. Los métodos y maniobras de los clíperes ya no valían para ellos; sólo la mayor pesaba media tonelada, imposible de maniobrar y bracear con tiempo duro por seres humanos. Los cascos, tan enormes, resultaban complicados de arbolar en grada por las piezas estructurales de madera, que pocos árboles podían proporcionar. Sin embargo, de no alcanzar tales dimensiones, nunca conseguirían ser rentables y hacer frente a la aplastante competencia del vapor; los grandes veleros habían de asumir un cambio revolucionario, o resignarse a morir.

ESCASECES DE POSGUERRA

Fueron los alemanes los que encontraron la solución: cascos de acero, y máquinas y cabrestantes de vapor para mover la arboladura. Acababan de nacer los majestuosos *Windjammers*, que señorearían las rutas veleras durante la primera mitad del siglo XX. Descendientes de los clíperes y *Down-eastners*, las navieras francesas, británicas y alemanas establecerían una nueva derrota comercial para el trasiego del nitrato de Chile con destino a la agricultura y factorías químicas a través del cabo de Hornos.

Uno de los más famosos armadores de este tránsito había iniciado su andadura antes incluso de que nacieran los clíperes estadounidenses; en efecto, el hamburgués Erich Ferdinand Laeisz encargó su primera embarcación a vela en 1839, con el nombre de su hijo Carl. El siguiente llegaría en 1857, imponiéndosele como nombre el apodo de su nuera, *Pudel*, con el que daba inicio la costumbre de que todos los buques de Laeisz iniciaran el suyo con la letra P; se acababa de formalizar el acta de constitución de la Flying P-Line, cuyos barcos terminarían por hacerse famosos por sus características y sensacionales travesías, que tanto recordaban la extinta era de los clíperes.

Las nuevas construcciones fueron llegando regularmente, indicativo de la solvencia y rentabilidad de la empresa; de 1860 a 1890 se construyeron los *Pampa, Polinesia, Paposo, Patagonia, Patria, Pera, Pisagua, Placilla, Poncho, Priwall* y *Preussen*, que llevaban al cono sur productos industriales y siderometalúrgicos para regresar cargados de nitrato, salitre o guano. También navegaban a la India a través del cabo de Buena Esperanza, a Oriente Medio, África e incluso Australia, en la estela del *Cutty Sark* y el *Thermopilae*. A fin de siglo, la Flying P construía ya magníficos *Windjammers*, con los que pasaría a la historia.

En 1894 veía la luz la espléndida barca de seis mil toneladas de capacidad y ¡cinco palos! *Potosí*, que se reivindicó en una treintena de viajes a Chile antes de la Primera Guerra Mundial; adquirido entonces por una empresa chilena, que lo rebautizó *Luisa*, acabó sus días en un incendio frente a la costa argentina. La verdadera estrella de la flota llegó con el segundo *Preussen*, que despojó de este nombre al primero, rebautizado *Posen*; de 5.162 toneladas y capaz para ocho mil de carga, medía 134,5 metros de eslora y 16,5 de manga, arbolando cinco magníficos palos sujetos por casi ocho kilómetros de cable de acero, en los que se desplegaban 5.560 metros cuadrados de trapo en cuarenta y siete velas. Dos máquinas de vapor movían cabrestantes, vergas y drizas en los tres primeros palos a la vez. Construido en 1902 en Geestemünde, esta fragata se reveló muy veloz; hizo una singladura de trescientas setenta millas a una media de 15,42 nudos, logrando registros de cincuenta y siete y sesenta y un días de Iquique a Lizard Point, en Inglaterra.

No obstante, su vida sería breve; en 1810, en el canal de la Mancha (donde, según las malas lenguas, sólo hay dos tipos de tiempo: niebla y temporal), con muy poco viento, el ferri *Manica Brighton* creyó que estaba detenido y decidió pasar por su proa, provocando un abordaje que le arrancó el bauprés y los masteleros de trinquete. Prácticamente ingobernable, el *Windjammer*, que para su salvación habría debido ser remolcado, acabó derivando lamentablemente a los acantilados de Dover, donde embarrancó, aunque su tripulación de cuarenta y ocho hombres pudo ponerse a salvo. Los temporales acabaron después con el *Preussen*, que resultó pérdida total. Tampoco el *Priwall*, uno de los antiguos, tuvo suerte, aunque sí larga vida; después de la Segunda Guerra Mundial Alemania lo cedió a la Armada de Chile, que lo rebautizó *Lautaro*. Pero, durante un viaje de instrucción, se incendió como el *Luisa*, perdiéndose totalmente frente a las costas peruanas, en 1945; con el tiempo, ocuparía su lugar el gemelo de nuestro *Juan Sebastián Elcano*, que cambió su nombre de *Juan de Austria* por el de *Esmeralda*.

Contemporáneos del *Preussen* fueron otros dos veleros de cuatro palos y aparejo de barca, el *Pamir* que nos ocupa, y el *Passat*. El primero

Bella foto de la fragata barca *Pamir*, de la marina mercante alemana, con todas las velas desplegadas. Los marinos de la República Federal Alemana se vieron obligados a emplear en la posguerra estos barcos añejos para uso mixto mercante-buque escuela por la carencia de naves –destruidas todas durante la Segunda Guerra Mundial o confiscadas para las compensaciones de guerra a los aliados– con nefastos resultados.

tenía 96,4 metros de eslora y catorce de manga, siendo construido en 1905 por la Blohm y Voss de Hamburgo. El *Passat* se construyó en el mismo sitio pero seis años después, y, contra lo que se suele creer, no era gemelo del *Pamir*; de hecho, serían acontecimientos posteriores a la Segunda Guerra Mundial los que los emparejaran. Después del conflicto anterior, la Gran Guerra, los barcos de la Flying P se distribuyeron entre los aliados como indemnización de guerra, que es una forma cursi de hablar de botín. Sin embargo, el hijo del fundador de la Flying P, Carl Laeisz, con encomiable tenacidad los fue recomprando, aunque no pudo mantenerlos mucho tiempo; en 1931 hubo de vender el *Pamir* al armador y capitán finlandés Gustav Eriksson, que lo destinó a la «Ruta del Grano» transpacífica, entre Wellington (Nueva Zelanda) y San Francisco. Todo un nuevo desafío.

La catastrófica derrota en la Segunda Guerra Mundial significó para Alemania un nuevo «saqueo» por parte aliada de su magnífica flota de veleros. Los más modernos, espléndidas fragatas escuela construidas en el período de entreguerras, eran los *Horst Wessel*, *Gorch Fock*, *Albert Leo Schlageter* y otro más aún no terminado que se repartieron, respectivamente, Estados Unidos, la URSS, Brasil y Rumanía. El primero es nada menos que el famoso *Eagle* de la Guardia Costera estadounidense; el segundo, fue el *Tovarisch* de la Marina soviética, el tercero el *Guanabara* brasileño, que acabó por vendérselo a Portugal, donde al fin encontró acomodo este magnífico velero escuela con el nombre de *Sagres II*, y el último el *Mircea* de la Escuela Náutica de Constanza.

También a veleros más antiguos alcanzó la avaricia de los triunfadores; en especial, la insaciable URSS, que luego no los ha conservado como habrían merecido (desguazó el magnífico *Cristoforo Colombo*, y, recientemente, el *Tovarisch*). Uno de los veleros más grandes del mundo –si no el mayor de los veteranos– actuales es el ruso *Sedov*, perteneciente al Instituto Pesquero de San Petersburgo desde 1965, cuando se lo cedió la Flota Roja. Este buque, construido en 1921 en Germania Werft de Kiel no era otro que el *Magdalena Vinnen* de seis mil toneladas, adquirido por el Norddeutchers Lloyd en 1936, que lo rebautizó *Comodoro Johnson*, con el que trajo grano de Australia, hasta que la guerra obligó a entregarlo a la URSS. Pero la auténtica joya de la Flying P en aquella época era el *Padua*, de 5.725 toneladas, hermosa fragata de tres palos construida en 1926 en Wessemunde que pulverizó todos los récords al unir Hamburgo y Port Lincoln (Australia) en tan sólo sesenta y siete días; poco después, en 1930, pagó caro sus excesos camino del cabo de Hornos, donde, en medio de un tremendo temporal, perdió los palos y cuatro miembros de su tripulación. Entregado en 1946 al Ministerio de Pesca ruso, esta vez de Riga, y rebautizado *Kruzenstern* –famoso navegante y explorador–, viene manteniendo sus espléndidas cualidades y registros, que le permiten embarcar más de doscientos alumnos y navegar, al largo, manteniendo los quince nudos de media.

Despojada de todos estos excelentes barcos, en situación de escaseces económicas y penurias de posguerra, a la Alemania emergida de la Segunda Guerra Mundial no le quedó otro remedio que reactivar dos viejas glorias, el *Passat* y el *Pamir*, que, en 1957, tenían ya cuarenta y seia y cincuenta y dos años respectivamente. No eran ya tiempos en que se fuera a desafiar la corredera en el cabo de Hornos, así que se les consideraba aptos para cumplir el doble papel de mercantes y escuelas; justo por estas fechas, en 1955, nuestro *Juan Sebastián Elcano*, construido específicamente como buque escuela para sustituir la corbeta *Nautilus* (exclíper *Carrick Castle*) con aparejo cruzado sólo en el palo trinquete, y el resto velas cangrejas, experimentó una máxima escota de cuarenta y ocho grados durante un temporal al que fue capaz de sobrevivir, en su decimoséptimo crucero de instrucción. Que aguantara un balance de este calibre da idea de su par adrizante, y las fuerzas escorantes que puede sufrir un tres palos con todos los palos cruzados como el *Pamir*.

Para su nuevo papel hubo que remodelar los dos veteranos *Windjammers*, el *Passat* y el *Pamir*, dejando sólo unas dos mil seiscientas toneladas de capacidad de carga para poder admitir medio centenar de alumnos cada uno. Con su capacidad de carga reducida a poco más de la mitad, estos barcos tuvieron que sufrir una disminución considerable de su par adrizante –un mercante es mucho más estable cargado que vacío–, lo cual, no obstante, se consideraría aceptable dentro de los parámetros de la seguridad. Las modificaciones incluyeron la instalación de un motor auxiliar para entrar y salir de los puertos de unos mil caballos de potencia, así que el trimado proa-popa, y los respectivos calados, tendrían también que retocarse y quedar corregidos. Con esta nueva configuración, estos veteranos veleros de carga comenzaron a servir, regularmente, en la línea entre Alemania y Argentina en 1952.

A fines del verano de 1957, el *Pamir*, al mando del capitán Johannes Diebitsch, se encontraba en el puerto de Buenos Aires esperando un cargamento de grano; estalló entonces una inoportuna huelga de estibadores, que puso a Diebitsch en el dilema de esperar a que terminara la conflictividad laboral para meter a bordo el grano en sacos, o abrir las bodegas y cargarlo directamente desde los silos a granel. Sin duda que, en la desafortunada decisión por lo segundo, debió de pesar el hecho de la ya complicada rentabilidad del barco, que a aquellas alturas se estaba cuestionando en la Alemania Federal; un retraso podía ser fatal. Así que, como expresamente larvado por la más negra fatalidad, decidir de forma apurada pretendiendo salvar la rentabilidad del buque y su reputación iba a ser causa última de la pérdida del *Pamir*; pues el grano, cargado sólo hasta la mitad y sin arcadas que lo sostengan, es un peligroso cargamento que, en un fuerte balance, puede desplazarse y producir corrimientos de carga que atenten gravemente contra el centro de gravedad del buque y su par adrizante, impidiéndole la recuperación.

El caso del *Pamir* era especialmente sensible, porque a la pérdida de estabilidad por falta de lastre podía superponerse el corrimiento de carga actuando como una especie de carena líquida que diera al traste con el par adrizante; sólo esta circunstancia habría justificado un «recorte» del aparejo en las piezas más altas, decepcionante en puerto pero inmensamente agradecido en alta mar. Son los problemas de emplear barcos para lo que no han sido planeados. De esta delicada guisa zarpaba el *Pamir* del Río de la Plata en la primavera austral de 1957, cuando, al otro lado del ecuador, se iniciaba el otoño septentrional. Después de remontar la costa sudamericana y atravesar la zona de calmas ecuatoriales, ingresó el aún hermoso velero en la zona de influencia del anticiclón de las Azores, cuya vertiente noroeste propulsa veloces a las embarcaciones de vela con rumbo a Europa.

No obstante, es también dominio de las rápidas e inesperadas borrascas y depresiones que cruzan el Atlántico Norte de oeste a este; tuvo que ser una de ellas la que sorprendiera al *Pamir* navegando con todo su aparejo, nada menos que veinte velas, dieciocho de las cuales –a seis por palo– cubrían de lona los tres primeros, en la madrugada del 21 de septiembre. Inmediatamente, los contramaestres llamaron a maniobra a los treinta y cinco tripulantes para cargar tan vasta extensión de trapo, pero el barco ya había escorado lo suficiente para que el grano se desplazara, anulando el par adrizante. Viendo el enorme buque «dormido», tuvo que tener lugar una escalofriante carrera entre los gavieros y juaneteros, que se esforzaban ansiosamente en cargar trapo para evitar el par escorante creado por las velas y el desplazamiento del grano en las bodegas. Desde el puente, el inclinómetro iba marcando, inexorablemente, el ángulo de escora a babor, mientras los oficiales lo contemplaban con sudor frío pegado a la espalda, pues sabían que si no se detenía, el *Pamir* acabaría naufragando. Por su parte, en la timonera, el capitán lucharía para tratar de meter la popa al viento, aliviando así la presión del viento sobre las velas.

Todo fue inútil; el *Pamir*, como un luchador exhausto, se fue recostando sobre la mar, mientras el ángulo de escora rebasaba los treinta grados, después los cuarenta, y así, progresivamente, se internó en aquellas escoras de las que un buque no regresó jamás. La inclinación no hacía más que incrementar el desplazamiento del grano, con lo que la situación se iba retroalimentando deteriorándose cada vez más. Por último, todos se dieron cuenta de que no había salvación. Diebitsch mandó pedir socorro por la radio, ponerse los chalecos salvavidas y prepararse para el abandono del barco; hubo tiempo, no obstante, para repartir licor y cigarrillos.

Como siempre que un buque vuelca (zozobra), los botes de la banda sumergida estaban inutilizables, bajo el agua, y los del otro lado no se podían botar, pues el costado del barco bajo ellos lo impedía. Inicialmente sólo quedaban disponibles tres balsas neumáticas; veinte hombres se abalanzaron sobre una de ellas. Entretanto, el desventurado *Pamir* continuaba su voltereta infernal; cinco tripulantes tuvieron la suficiente agilidad y sangre fría para seguir el casco en su lento rolido, quedando sobre los fondos de la aparadura. Pero, luego, el velero se hundió precipitadamente y nunca más se vio a aquellos desgraciados. Eran apenas las 11:15 de la mañana.

La llamada de auxilio del barco alemán fue captada en San Miguel de Azores, distante seiscientas millas del lugar del naufragio; de allí partió un avión de salvamento SC-54, que encontró dos botes con náufragos y una balsa abandonada. Por desgracia, el avión de relevo que habría debido despegar de Lagos (Nigeria) no pudo despegar por malas condiciones meteorológicas, lo que fue causa de la terrible odisea subsiguiente, al perderse la localización de los náufragos.

Estos habían encontrado ambos botes volcados, y transbordaron a ellos desde las balsas hinchables por parecerles más seguros. Uno quedó al mando de Karl Dümmer, ayudante del panadero de veinticinco años, en el otro Günther Haselbach terminó siendo el único superviviente. Al carecer de remos, no les fue posible mantenerse juntos. En el de Dümmer había algunas provisiones que desaparecieron tras dos inoportunos vuelcos. Pasó un barco junto a ellos en la noche, pero, sin bengalas, no pudieron hacerse escuchar a gritos. Los compañeros de infortunio de Karl fueron muriendo de frío y sed; otros perdieron la razón, tirándose al agua detrás de visiones y espejismos.

Al fin, sólo quedaron cinco supervivientes, que fueron recogidos por un buque guiado por los aviones de rescate. De un total de ochenta y seis tripulantes sólo se salvaron seis, entre los que se contaron Dümmer, Haselbach y Hans Georg Wirth, que se prodigó en declaraciones a la prensa. El rastro más conmovedor de la tragedia del *Pamir* se halla en la iglesia de San Jacobo, en Lübeck, donde a modo de exvoto figura el que fuera bote salvavidas de este desafortunado *windjammer*.

LO QUE NO SE QUISO ACLARAR

En su día llegó a decirse que el capitán del *Pamir* había ordenado inoportunamente el abandono del buque. Se cuestionaron también las embarcaciones de salvamento, que, para buques escuela, aumentaron según las normas SOLAS en número, tipo y tamaño, de forma similar a lo que sucedió con el *Titanic*. Hoy es fácil ver las fotografías de grandes veleros de esta época con los obenques y mesas de guarnición repletos de balsas hinchables, antes de que la industria produjera las desplegables protegidas dentro de un contenedor.

Obviamente no se pudieron ignorar las verdaderas causas de fondo, es decir, que debido a las penurias económicas y al saqueo aliado se estaba empleando un viejo buque inadecuadamente, al que la falta de lastre hizo aún más vulnerable, naufragando por corrimiento de carga. Sólo dos meses después, su «hermano», el *Passat*, estuvo también en trance de hundirse por la misma causa durante un temporal. Durante dos días, este *Windjammer* se tambaleó como un beodo alcanzando en los balances ¡sesenta grados!, que le forzaron a emitir una señal de socorro. Lograría finalmente sobrevivir inundando los tanques de estribor para restablecer el trimado.

Después de este episodio, el *Passat* fue retirado del servicio para pasar a disfrutar de una bien merecida jubilación; entró al fin, al relevo, el nuevo y flamante *Gorch Fock II*, que resultó un dechado de virtudes, especialmente en materia de seguridad. El *Passat* se convirtió en buque museo en Travemünde, no siendo el único barco de la extinta Flying P dedicado a este fin: amarrado a los muelles de Manhattan, en el puerto de Nueva York, está el *Peking* con su larga historia, mientras que en la remota isla de Aland, en el mar Báltico –los dominios de Gustav Ericsson– se conserva su barco favorito, el *Pommern*, otro veterano de la Carrera del Grano en setenta días cedido a la ciudad natal de Ericsson, Marieham.

Lo que resulta sorprendente es que, a pesar del siniestro del *Pamir*, varios buques escuela transformados de antiguos veleros de carga han seguido navegando y sucumbido también en lamentables accidentes. En junio de 1988, el otrora pailebote español *Marqués*, perteneciente a la Sail Training Association y con el aparejo reconvertido a corbeta –es decir, cruzado–, naufragó a las cuatro de la madrugada del día 3 al acostarlo sobre los baos un chubasco de cuarenta y cinco nudos mientras participaba en la regata Bermudas-Halifax para veleros Cutty Sark. Hubo nueve supervivientes, pero dieciocho personas se fueron con el desgraciado buque cuando se hundió sumergiendo la proa. En la memoria de todos estaba la goleta *Pride of Baltimore*, que zozobró en 1986 al ser alcanzada por una borrasca de ochenta nudos cuando navegaba de las Bermudas a Puerto Rico con un foque y dos rizos en la mayor, pereciendo el capitán Elsaesser y tres tripulantes.

De los últimos veleros españoles, los pailebotes de Torrevieja, muchos guardamos el recuerdo de la foto del *Salinero* con todas las velas hechas jirones tras un temporal; antiguamente, cuando un velero era atrapado por un ventarrón con trapo arriba, las lonas reventaban, evitando así que se «acostara» y se fuera a pique; los nuevos y muy resistentes tejidos sintéticos han podido producir más de un naufragio, y mencionaremos por último al reconvertido pailebote *Tho-Pa-Gha*, perdido recientemente en aguas del canal de la Mancha.

A pesar de los pesares, el espíritu de la Flying P se resiste a desaparecer; actualmente lo ha retomado la compañía de cruceros de placer Star Clipper, que tiene en servicio tres diferentes barcos –*Star Clipper, Star Flyer* y *Royal Clipper*– de cinco palos y cuarenta y dos velas, diseñados por Mikael Kraft y construidos en Polonia (Gdansk) inspirados por los hechos y leyenda de los legendarios *Windjammer*.

Capítulo 8
La interpretación del Reglamento de Abordajes
Siniestro del *Andrea Doria,* barco faro de Nantucket, julio de 1956

TRAMO DE ELEVADA SINIESTRALIDAD

El barco faro de Nantucket, situado al sur de la bahía de Nantucket y la isla del mismo nombre al este del famoso islote de Nueva Inglaterra, en el que Marta debió de plantar una viña (Martha's Vineyard) y que acabó siendo uno de los centros balleneros más importantes del mundo –recuerden *Moby Dick*–, es legendario punto de recalada para travesías transatlánticas cuyo destino final sea Newport o Nueva York que, como las autovías españolas, debería haber llevado un cartel de «Tramo con elevada concentración de accidentes». Las olas del Atlántico recalan allí con fuerza, el viento llega helador desde latitudes árticas, y, por si algo faltara, cuando viento y mar se calman haciendo la vida un poco más agradable, aparece la niebla, convirtiendo el lugar en un condenado laberinto donde los mastodontes ciegos que son los barcos parecen buscarse unos a otros para embestirse como ciervos en días de berrea. Ni siquiera el propio barco faro quedaba a salvo; en 1934, un barco con pedigrí, el *Olympic* –gemelo del *Titanic*–, entró a saco en el lugar y, a falta de nada mejor, se lo llevó por delante, saldándose el lamentable incidente con siete muertos.

Así pues, con niebla, nada estaba a salvo en las inmediaciones del barco faro de Nantucket, frente a la costa de Massachusetts. Tres años antes del célebre hundimiento del *Titanic* pudo comprobarlo en primera persona otro transatlántico de la White Star, el *Republic*, que fue embestido en la aleta de babor por el de su misma clase *Florida* italiano del capitán Ruspini, tardando casi cuarenta horas en hundirse y salvándose su valiente capitán Sealby por los pelos. El siniestro se saldó con 1.650 personas de ambos barcos puestos a salvo a bordo del *Baltic*, y tan sólo cinco muertos. En aquel momento, principios del siglo xx, las señales acústicas eran el único recurso en caso de baja visibilidad, y ya habían gastado bromas pesadas como la del abordaje entre el crucero español *Sánchez Barcáiztegui* y el mercante *Conde de la Mortera* en la canal de entrada del puerto de La Habana; pensando el primero que su primera pitada (caigo a estribor) no había sido escuchada, la repitió (dos pitadas: caigo a babor) y el *Mortera*, que estaba más al loro de lo que parecía, interpretó esto último, encontrándose al desventurado crucero en su camino y echándolo a pique con gran número de víctimas. Dos años antes, y sin niebla, la todopoderosa Mediterranean Fleet británica lo había incluso superado, al hundir el acorazado *Camperdown* al buque insignia del almirante Tryon, el *Victoria*, alegando su comandante que si el almirante le ordenaba abordarlo, lo abordaba y punto, acogiéndose al eximente de obediencia debida. Tryon, es obvio, no quería que lo abordaran, sino que se había equivocado al apreciar las distancias, y tal vez esperó tener subordinados inteligentes, errores ambos que le costaron la vida.

Para evitar estos equívocos monumentales, al finalizar la Segunda Guerra Mundial se difundió el uso del radar en la marina mercante, además de insistir las escuelas náuticas, con especial hincapié, en el Reglamento Internacional para Prevenir Abordajes, cuya regla quince especifica «todo buque que tenga otro por estribor se mantendrá apartado», y la diecisiete, que «cuando lo tenga por babor, seguirá a rumbo», precisamente para evitar esa conocida e inevitable coincidencia que también se produce a diario en la calle, cuando dos viandantes intentando evitarse por igual sitio acaban chocando. Por último, la Convención Internacional de 1948 publicó las Recomendaciones para Evitar Accidentes en la Mar, aconsejando a los buques que se aproximaban a Nueva York ceñirse al barco faro de Nantucket, mientras que los que salían deberían apartarse un mínimo de veinte millas hacia el sur, pergeñando así un primitivo

El célebre barco faro de Nantucket, primer hito para la recalada en el puerto de Nueva York que, por su emplazamiento en un lugar de elevado tráfico marítimo y frecuentes bancos de niebla, ha sido testigo de multitud de accidentes en sus proximidades, como el del *Andrea Doria*, cuando no ha sido víctima él mismo, como le sucedió con el *Olympic* –hermano del *Titanic*– en 1934, con pérdida de vidas.

dispositivo de separación de tráfico como los que rigen hoy en todas las complicadas intersecciones marítimas.

Pero, al final, de nada sirvieron ni radar, ni reglamento, ni mucho menos recomendaciones, al transatlántico *Andrea Doria* ni al más pequeño pero de su misma clase *Stockholm* aquella noche de verano de 1956, en la que los mandos de ambos barcos, trágicamente atrapados por la más sombría fatalidad, se equivocaron y acertaron mostrándose igualmente prudentes y, a la vez, fatalmente atraídos por una marca –el barco faro– de negra reputación que resultó mudo testigo de su aproximación irreversible para acabar produciendo un sonado siniestro con el lamentable rosario de víctimas habitual entre los pasajeros, algunos de los cuales, no obstante, encontrarían fuerzas y valor para alcanzar el heroísmo, y aun habría lugar para el milagro, en una lección práctica de abordajes en la mar tan cruel como ilustrativa y que todo marino practicante debería conocer y examinar en profundidad.

Abordaje en la niebla

En la memoria de la Línea de Navegación Italiana y los barcos para transporte de pasajeros de esta nación existen luces y sombras. Luces que brillaron con intensidad cuando el *Rex* logró la Cinta Azul al barco más rápido del Atlántico en 1933, o se materializaron los soberbios *Michelangelo* y *Raffaelo* en los años sesenta; sombras como los múltiples incidentes, accidentes y fatalidades que parecieron perseguir a los buques italianos durante todo el siglo, y que cristalizarían con el hundimiento del *Rex* al final de la Segunda Guerra Mundial por un bombardeo aliado, o la venta a Irán del *Michelangelo* y su gemelo en 1977 por su inviabilidad económica, además de los posteriores naufragios del *Achille Lauro* en 1994 no lejos de Somalia y el del *Sun Vista* (ex *Galileo Galilei*) en el estrecho de Malaca en 1999 también por avería en las máquinas.

Tres fueron las compañías italianas que se disputaban el comercio marítimo después de la Primera Guerra Mundial: el Lloyd Sabaudo, que, aparte del *Florida* antedicho, podía presumir de los *Indiana, Louisiana* o el singular *Conte Verde*; Cosiluch, que construyó dos motonaves diésel de larguísima vida operativa –medio siglo– los *Vulcania* y *Saturnia*, y la Navigazione Generale Italiana (NGI), que tenía, además del *Duilio* y el *Roma* para la línea de Sudamérica, buques diésel como el *Augustus*. Durante los años veinte, la Lloyd y la Navigazione soñaron, cada uno por su cuenta, con un transatlántico de ensueño para la ruta a Nueva York, del mismo modo que la Transatlántica española y Pinillos rivalizaron con sus parejas de *steamers* antes de la Primera Guerra Mundial. Lloyd encargó a los astilleros de Trieste un buque de cincuenta mil toneladas que fuera el colmo de la elegancia y el depurado estilo de vida; NGI construyó su barco, de parecido tamaño, en Ansaldo de Génova, pensando únicamente en la velocidad. El buque de la Lloyd se llamó *Conte di Savoia*; y el de Navigazione fue bautizado con el breve pero significativo nombre de *Rex*. Cuando, en 1931, se fusionaron NGI, Lloyd y Cosiluch en la Italia Line, el *Rex* y el *Conte di Savoia* pasaron de rivales a compañeros dentro del mismo equipo, que se lanzó al asalto del récord ostentado entonces por el transatlántico alemán *Bremen*.

El primer viaje de ambos buques fue un desastre; el magnífico *Rex*, con ciento treinta y seis mil caballos de potencia, sufrió una avería en las turbinas y llegó renqueando a su destino; el *Conte di Savoia* resultó aún peor: a novecientas millas del puerto de Nueva York tuvo un fallo en un *kingston* ('grifo de fondo') y la vía de agua producida a casi veintinueve nudos de velocidad a punto estuvo de echarlo a pique. Los viajes siguientes, sin embargo, constituyeron un rotundo éxito, y ambos barcos señorearon el Atlántico durante un breve período, dos años, hasta que llegó a desalojarles del trono el formidable *Normandie* francés. La Línea Italiana tuvo un brillo efímero, pero al menos tuvo algo, lo cual no pueden decir otros. Pronto llegaba el tremendo trauma de la Segunda Guerra Mundial con Italia esta vez alineada del bando del Eje, es decir, los perdedores. Ambos magníficos buques tuvieron que refugiarse al fondo del mar Adriático, donde acudió a buscarles la aviación aliada, echándolos a pique. El sueño de los *liners* italianos se extinguía así en una noche de oscuridad.

Pero no para siempre. Incorporada definitivamente Italia a la modernidad de los países democráticos, a comienzos de la década siguiente resurgía con la pujanza industrial y promocional de antes del conflicto. El primer encargo de la revivida Italia Line para reanudar el servicio Génova-Nueva York fue el *Andrea Doria*, magnífica embarcación de pasajeros que venía a ser un *Rex* o un *Conte di Savoia* a tamaño reducido, pero mucho más moderno. Con una eslora de doscientos diez metros, veinticuatro de manga y más de nueve metros de calado, sus ciento cincuenta mil caballos a dos ejes podían llevar 1.241 pasajeros de viaje en tres clases a veintiséis nudos de velocidad, sin acomplejarse en absoluto por la realidad contemporánea del gigante *United States* (de trescientos metros de eslora y que con los doscientos cuarenta mil caballos de sus máquinas se haría propietario de la Cinta Azul durante treinta y ocho años, pues era capaz de rebasar los cuarenta nudos de marcha horaria), ni por los algo más veteranos *Queen Mary*, también ganador de la Cinta Azul, o *Queen Elizabeth*, leviatán de ochenta y cuatro mil toneladas que databa del período entreguerras.

El *Andrea Doria*, pues, era un transatlántico que, sin alcanzar el liderazgo ni en tamaño ni en velocidad, podía presumir de ser uno de los más exclusivos miembros del club. Lo que se vendía en él fue confort, calidad constructiva y tecnológica, y seguridad. Tenía casco de doble fondo, interiores revestidos contra el fuego, modernísimo sistema de extinción de incendios con bióxido de carbono, los mejores medios de salvamento y los últimos y más modernos sistemas de navegación, que incluían radar, loran y estación de predicción meteorológica. Sin embargo, afectado como sus antecesores por la maldición de los barcos italianos, algo no fue bien desde el principio, en su viaje inaugural. Calculado para aguantar escoras de siete a quince grados como límite (con más de veinte volcaría y se iría a pique inundado), llegando a Estados Unidos en su viaje inaugural encontró un temporal que lo tumbó ¡veintiocho grados!, es decir, trece más de lo supuesto en condiciones de seguridad. Bien lastrado, el buque aguantó sin zozobrar, pero veinte personas resultaron heridas en este suceso que debió de preocupar profundamente a los responsables de la flota. Sin embargo, a partir de entonces, el transatlántico inició una venturosa carrera de cincuenta y un viajes redondos sin incidente alguno (diez por año), es decir, un centenar de cruces del Atlántico en uno y otro sentido, circunstancia que debió de «arrinconar» determinados documentos, no constando que el *Andrea Doria* sufriera modificación alguna. Mucho tiempo después, en 1981, un periodista sueco, Algot Mattson, publicó en un libro uno de estos olvidados documentos, en el que se especificaban defectos de diseño que no impidieron que el buque siguiera navegando. En otras palabras, el problema de estabilidad del *Andrea Doria* por defecto de diseño no sólo era conocido, sino que se había manifestado y nadie hizo nada al respecto.

El transatlántico italiano zarpó de Génova para su último viaje el día 17 de julio de 1956, haciendo escala en Nápoles y Gibraltar, donde fondeó para recoger los últimos pasajeros. Emprendió la travesía atlántica con mil setecientas seis personas a bordo, de las cuales ciento noventa eran pasajeros de primera, entre los que se contaba el alcalde Dilworth de Filadelfia, la famosa actriz Ruth Roman y algunos personajes relacionados con los medios de prensa, doscientos sesenta y siete en segunda y seiscientos sesenta y siete en turista, la mayor parte de estos últimos sencilla gente de campo que habría sido más correcto incluir en la emigración. Muchos sacerdotes y monjas viajaban también a bordo, por considerar al *Andrea Doria* su preferido. El buque italiano, que hacía alarde de elegancia con su decoración inspirada en el estilo renacentista, luciendo diversos objetos de arte en sus estancias como cuadros, murales y una impresionante estatua de bronce del famoso almirante italiano al servicio del emperador Carlos V que daba nombre al buque, llevaba también en sus bodegas nueve coches (un Rolls Royce y un Guía experimental para Chrysler entre ellos), equipos para máquinas de coser y escribir, muebles, seda, lana e incluso fardos de algodones. Antes de Gibraltar, el capitán, Pietro Calamai, de cincuenta y ocho años, ordenó un simulacro de evacuación del buque; era todo un ilustre veterano que procedía de linaje de marinos. Había iniciado su carrera a los dieciocho, embarcado durante la Primera Guerra Mundial, interviniendo también, ya veterano, en la segunda. Pero, a pesar de su experiencia, el capitán Calamai parecía no haber superado ciertos prejuicios: jamás invitaba pasajeros a su mesa, ni siquiera a los de postín, rodeándose sólo de sus oficiales. Era un hombre sensato, serio e introvertido cuyos pasajeros siempre se quejaban de la falta de información. Un lobo de mar preciso, hermético y juicioso al que los años habían enseñado lo que podía esperar de su barco, su tripulación, los pasajeros, y una situación endiablada sin escapatoria de la que estaba destinado a ser víctima, y que difícilmente habría podido evitar, aunque sí asumir.

El capitán Calamai debía de ser uno de los pocos pilares de confianza de la compañía, que ya le tenía destinado un nuevo barco, el más moderno *Cristoforo Colombo*. Un profesional de primera clase que tomaba más precauciones y cautelas de forma natural que el noventa por ciento de los capitanes que han navegado antes y después que él; sin embargo, la fatalidad le tenía reservada, tal vez por ser un elemento de élite, la lección de que por muy perfecto, experto y veterano que se sea el ser humano siempre está expuesto al error o mala fortuna, así que mejor mostrarse humilde que sobrado. En este sentido, Calamai terminó despojado de toda soberbia: aun cuando pudo abandonar su buque, herido de muerte, con todos los honores, echó luego toda la culpa al *Stockholm*, cayendo acto seguido en una profunda depresión. Tras el juicio –en el que los abogados conmovieron despiadadamente sus convicciones– acabaría por reconocer, apesadumbrado, que pudo haberse equivocado. No volvería a mandar un barco, tal vez más por no superar el siniestro que por las consecuencias de este.

Su homólogo del *Stockholm*, el capitán Nordenson, tenía personalidad más convencional y rutinaria. Tras el grave incidente, siguió navegando y mandó otros buques, sin traumatizarse en absoluto por haber echado a pique el *Andrea Doria* con su proa reforzada para hacer frente a los hielos. De hecho, ni siquiera estaba en el puente cuando se produjo la colisión. El 25 de julio de 1956, su barco, el *Stockholm*, dejó el muelle noventa y siete del puerto de Nueva York a las 11:30 de la mañana. No era un *liner* bello ni peculiar como el *Andrea Doria*, pero sí el más grande de Suecia, sólido, eficiente y confortable; teniendo en cuenta las cualidades del acero sueco, el último que un marino con sentido común elegiría para chocar contra él. Como breve reseña paranormal, diremos que al menos dos pasajeros, Ernest Swenson y Jennie Anderson, tuvieron malos presagios antes de subir a bordo, cosa que, de todos modos, hicieron. Y que a bordo del buque sueco navegaba un marinero español, Bernabé Polanco, protagonista de un singular episodio.

El *Stockholm* salió del puerto de Nueva York, entre Sandy Hook y Rockaway Inlet, por el canal de Ambrose, en cuya boya final puso rumbo al barco faro de Nantucket. De la misma forma que Calamai, como veremos, Nordenson incurrió entonces en un error previo que no se puede censurar, pero contribuiría decisivamente al siniestro. A pesar de las Recomendaciones de la Convención de 1948 que aconsejaban dar un resguardo de al menos veinte millas hacia el sur para los barcos que salían, Nordenson arrumbó directo al faro. La razón era que, para dirigirse hacia Suecia, una vez montado el barco faro tenía que dirigirse al norte. Era como si para ir de La Coruña a Barcelona obligáramos al interesado a pasar por Madrid. El veterano capitán sueco no estaba dispuesto a dar rodeos de este género, y, como no violaba norma alguna, sino tan sólo y de forma consciente una recomendación, se metió a dieciocho nudos por el carril contrario sin pudor alguno. No se le puede reprochar nada, mas lo cierto es que, con ello, puso los cimientos para su fatal encuentro con el *Andrea Doria*.

Por su parte, en el barco italiano que, sin sospecharlo, se dirigía hacia él, Calamai había cometido el suyo: hacia las tres de la tarde el ambiente se tornó húmedo y brumoso, presagiando la niebla tan frecuente en aquellos parajes. Prudentemente, el capitán italiano redujo la velocidad de 23 a 21,8 nudos, hizo cerrar las doce puertas estancas –trasformando el transatlántico al modo «insumergible»– envió un vigía al extremo de proa, comenzó a emitir pitadas de seis segundos por cada cien y, lo más importante, mandó conectar el radar, que manejaron los oficiales Franchini y Giannini. Sin embargo, no ordenó lastrar los tanques de combustible, que, tras una travesía tan larga, estarían casi vacíos. Sin duda que lo hizo para ahorrar a la gente del *Andrea Doria* el farragoso trabajo de vaciarlos antes de volver a rellenar, alargando el ciclo de operación del buque, pero habría sido una sabia precaución que hubiera podido salvar un *liner* de estabilidad tan comprometida tras la colisión. Pero Calamai no era adivino; ningún protocolo, ni las condiciones de mar, le obligaban a ello. Así que los tanques quedaron vacíos, en situación óptima para que el agua llenara los del costado roto aumentando la escora, mientras que los de la banda contraria, que hubieran podido compensar el buque, con sus tomas fuera del agua por la escora no pudieron ya ser llenados.

Así pues, tenemos ambos buques internándose en la noche y la espesa niebla hacia el barco faro de Nantucket a velocidad relativa de cuarenta nudos para su cita fatal. Ambos se iban posicionando por señales de radio –sistema LORAN en el italiano y RL en el sueco– y con los radares en funcionamiento. Calamai tomó otra precaución, cambiar el rumbo para dar una milla de resguardo al barco faro (recordar el *Olympic*), tras lo cual cayó al 268º, prácticamente al W rumbo a Nueva York. Poco después, a las 11:45, el radar italiano detectaba un buque a diecisiete millas de distancia, abierto cuatro grados por la amura de estribor, es decir, por su derecha. Ni Calamai ni sus oficiales se alarmaron: de seguir a su rumbo, el recién aparecido pasaría por la banda de estribor, a una milla de distancia.

Un cuarto de hora antes, en el puente de mando del *Stockholm*, el segundo oficial Johan Carstens, de veintiséis años, de guardia llegando al barco faro mientras su jefe arreglaba papeles en su despacho, verificó que la corriente los había llevado casi tres millas al norte, por lo que enmendó el rumbo quedando al 90º de gobierno: directamente hacia el E. Media hora después volvía a corregir al sur. Entonces, el radar descubrió un buque a doce millas del suyo, ligeramente por la amura de babor, es decir, por su izquierda. Del mismo modo que los italianos, al ver aparecer al sueco por su derecha, aplicaron la regla quince manteniéndose apartados, Carstens pudo aplicar la diecisiete conservando el rumbo. Sin embargo, interpretó la situación como de vuelta encontrada, y aplicó directamente la catorce, que prescribe para estos casos que los buques se crucen babor con babor. Nos encontramos aquí con un problema de interpretación del reglamento, o la sensata y flexible interpretación latina frente a la lógica nórdica cartesiana. ¿Quién tenía razón? Pues ambos y ninguno. Con tan poco ángulo, el *Andrea Doria* pudo interpretar vuelta encontrada y aplicar la catorce, mientras que el *Stockholm* se ceñía a la diecisiete. Nada hubiera sucedido.

En la práctica, lo que hoy cualquiera habría resuelto con una llamada por el canal 16 VHF acerca de las intenciones del otro –*¿port with port or starboard with starboard?*– acabarían llevándolo a cabo el atribulado Carstens y el discreto Calamai mediante el aparatoso expediente de meter un barco dentro del otro. La clave, como supondrá el lector, está en la interpretación de la «vuelta encontrada». El reglamento dice que lo es cuando veamos las luces de tope enfiladas, o las luces de ambos costados, del otro barco. ¿En medio de la niebla? Carstens la dio por hecha, pero no llegó a considerar si el otro buque haría igual. A partir de este momento, ambos barcos quedaban «ligados» bajo el influjo del misterioso campo magnético que acabaría por atraer al uno contra el otro.

Le tocaba mover ficha a Calamai. Para mostrar al otro que pensaba aplicar la regla quince, y mantenerse apartado, hizo girar levemente al *Andrea Doria* cuatro grados a babor; por su parte, Carstens, temiendo no pasar con suficiente margen babor con babor, según la regla catorce, hizo girar el *Stockholm* veinte grados a estribor. Ambas fueron medidas innecesarias, generadas para darse margen y por precaución, y ambas resultarían fatales. En realidad, lo que pasaba era que, entre la niebla, a la leve caída del italiano a su izquierda el sueco había respondido girando bruscamente a la derecha, aproximándose ambos. Ahora, el *Andrea Doria* quedaba a la izquierda del sueco, abierto veinte grados, lo que verificó el vigía del *Stockholm*. Todo iba a salir bien, y se cruzarían babor con babor. Cuando, de pronto, y para su estupefacción, el enorme transatlántico italiano giró y se interpuso en su camino. ¿Qué demonios había sucedido?

Sucedía que Calamai acababa de tomar la decisión más desafortunada de toda su vida. Desde el *Andrea Doria* se veía ya, entre la niebla, la sombra con luces del *Stockholm*, y el capitán italiano fue testigo de la caída de veinte grados a estribor del buque sueco. Lejos de parecerle, como a Carstens, que ahora ambos barcos pasarían holgadamente babor con babor, el italiano, secundado por sus oficiales, creyó que el *Stockholm* se dirigía hacia él. ¿Qué hacer? Ante un órdago semejante, sin duda alguna, quitarse de en medio. En estos casos apurados en que algo, sea sólido como un muelle, un barco o una roca, líquido como una ola e incluso gaseoso (como el barco fantasma), los marinos tienden a ponerle la proa, por atizar primero con la parte más dura del barco y luego hablamos, si es que queda algo de lo que o con quien hablar tras el choque. Bajo este rutinario y atávico punto de vista, el *Andrea Doria* tenía que haber caído hacia el *Stockholm* metiendo a estribor; ambos transatlánticos se hubieran embestido de punta y el siniestro no figuraría aquí, pues se habría saldado con una serie de colisiones sesgadas de menor importancia (la probabilidad de acertarse ambos en el eje longitudinal es casi nula, aun cuando, por los efectos, en este caso sí habría habido que reservar sitio en este trabajo). Pero Calamai no era Nordenson; aferrándose a su idea inicial, deseando librar a su amadísimo buque, puede que esperando verlo convertido en un pájaro supermaniobrero, o tal vez llevándolo, intuitivamente, al espacio libre que creyó poder alcanzar sin razón de peso alguna, ordenó meter toda a babor, arruinándose con ello la vida y su carrera, además de echar a pique involuntariamente su magnífico barco. Lo hizo, además, como el *Sánchez Barcaíztegui*, tocando gloriosamente dos pitadas de silbato antes de ser abordado.

Carstens no pudo hacer nada. Intentó retroceder introduciendo en el telégrafo de máquinas atrás a las máximas revoluciones y metió a estribor, escuchó estremecido las pitadas del italiano y ya no le quedó más que ver aquel inmenso casco negro lleno de brillantes ojos de buey haciéndose cada vez más grande ante él. Tampoco se haría muchas ilusiones sobre su futuro profesional. Curiosamente, la aguda proa sueca apuntaba directa a la amplia y elegante ala del puente de mando sobre la que Calamai esperaba estupefacto su ejecución naval, profesional, y, al parecer, también física por la ligereza en que había incurrido. No habría, finalmente, altura suficiente para esto último, pero sí para las otras dos: como una espada, la dura extremidad de acero sueco penetró bajo los pies de Calamai en las entrañas de su querido buque, produciéndole seguramente un intenso dolor parecido al físico. Mientras, como un rayo exterminador, aquel venablo gigantesco invadía cuatro cubiertas destrozando camarotes donde dormían decenas de personas que murieron aplastadas, el roce del acero contra el acero produjo varios incendios que sólo el recubrimiento ignífugo pudo sofocar. Hubo quien, saliendo del baño tras lavarse los dientes, contempló cómo un monstruo gigantesco penetraba en su camarote por la pared, aplastaba a su cónyuge y se lo tragaba haciendo un agujero negro en el suelo. Personas desnudas, ensangrentadas y aturdidas corrían por lo que iba quedando de los corredores para acabar cayendo al agujero. Otras, atrapadas en un sándwich inextricable de mamparos, paredes, colchones y somieres, murieron compasivamente en un instante o tuvieron que esperar largas horas a que alguien los liberara. Las vívidas escenas descritas por los testigos de aquella noche de aquelarre frente al barco faro de Nantucket han quedado para la posteridad en el libro de William Hoffer, y, a pesar de haber transcurrido más de medio siglo, no dejan de estremecer. El *Stockholm*, convertido en la guadaña de la muerte, señoreó las entrañas del *Andrea Doria* introduciéndose unos diez metros en él, antes de detenerse, piadoso, ante las paredes de la capilla, que resultó indemne.

Llevado entonces del impulso de sus motores en atrás toda, el sueco hizo lo peor que puede hacer un barco que ha abordado profundamente a otro, desgajarse de él causándole aún más daños y permitiendo la entrada de agua a raudales por la espeluznante herida que se tragaría aún a varias personas más. No lo hacía sin daños. Diez metros de la proa del *Stockholm* habían desaparecido con seis tripulantes dentro cuya muerte fue espantosa; uno de ellos, Svensson, fue enredado por los eslabones del ancla como una serpiente pitón que lo arrastró del sueño al fondo del mar. Sin embargo, horror tras horror, aún hubo lugar en la lóbrega escena de destrucción para un milagro. El barco sueco golpeó dos veces más el casco del italiano antes de quedar libre de él; sus tripulantes corrieron a proa para rescatar a sus compañeros y hacerse cargo de los daños. Entre ellos, registrando en los escombros, estaba Bernabé Polanco, cuando escuchó algo que literalmente debió de ponerle los pelos de punta: una voz de niña llamando a su madre ¡en su propio idioma! Con un valor a toda prueba, el marinero se acercó al lugar de donde procedía la voz, y encontró una jovencita herida en un brazo, en pijama, sobre un colchón destrozado. La tranquilizó, y la llevó a la enfermería. Allí la curaron y preguntaron su nombre: Linda Morgan. Sorprendentemente, su nombre no constaba en la lista de pasajeros del *Stockholm*. Suponemos que no sin cierto recelo, le preguntaron a Linda de dónde procedía, y contestó que venía de Madrid, donde su padre trabajaba como corresponsal de *The New York Times*, ¡a bordo del *Andrea Doria*!

Como se pudo reconstruir después, se trataba, en efecto, de un milagro. La proa del *Stockholm*, que mató a su hermana y dejó a su padre gravemente herido, la había tomado en brazos, como una gigantesca cuchara, llevándosela ¿secuestrada? al barco sueco, puesto que fue tomada por la fuerza, una fuerza ciega, bruta y azarosamente compasiva, pero fuerza al fin. Y, lo más increíble, a pesar de los destrozos de la proa del barco sueco, allí la había conservado, con vida, hasta la llegada de Bernabé, una de las pocas personas de ambos barcos capaz de entender el español adoptado de Linda.

Vista aérea del magnífico buque de la Línea Italiana *Andrea Doria* hundiéndose a la altura del barco faro de Nantucket (tras ser abordado por el transatlántico sueco *Stockholm*) realizada por el periodista Harry Trask, del *Traveler* de Boston, fotografías por las que se le otorgó el premio Pulitzer.

El abordaje, con ser funesto, tuvo una consecuencia aceptable, y es que en paraje tan peligroso como había demostrado ser el barco faro de Nantucket, al fin ambos transatlánticos destrozados pudieron contar con sus capitanes en el puente: Calamai paró las máquinas, mandó verificar los daños y observó la escora. Con los tanques vacíos de estribor ahora inundados de agua, el transatlántico alcanzaba ya los diecinueve grados; al borde de irse a pique por inundación. Consciente de que se movían en el filo de la navaja, el capitán italiano, tras un frustrado intento de dar avante para buscar la varada, ordenó a tripulantes y pasajeros acudir a sus puestos de abandono del buque y mandar un SOS al oficial de radio. Fue la primera vez que se acordó de la radio en toda la noche, aunque no la última, pues también se dirigió al *Stockholm*. Sin necesidad de instrucciones, el personal de máquinas había empezado a achicar el agua que entraba por el boquete, mas pronto comprobaron que no daban abasto. Los grupos electrógenos, situados bajo el nivel que se estaba inundando, corrían peligro de anegarse y dejar el buque a oscuras y sin energía. Sin embargo, sus locales debieron de aguantar razonablemente secos, puesto que en las fotos se observa el *Andrea Doria* bien iluminado y señalizando su posición. No había, pues, un minuto que perder para dar comienzo a la evacuación. El capitán italiano no habló con sus pasajeros, a los que daba instrucciones el sobrecargo por megafonía. Por fin, una hora después de la colisión, llegó a la sala de radio un mensaje del *Stockholm*.

Nordenson había estado muy ocupado comprobando si su buque sobreviviría o no al accidente. Por la proa destrozada se había inundado rápidamente, hocicando más de un metro; si el agua desbordaba los mamparos estancos, se iría a pique. Los pasajeros, ignorantes del hecho y sorprendidos por el accidente, eran felizmente inconscientes de todo ello, pensando que se habían librado. Hasta que las bombas demostraron que se podía achicar el agua, los suecos no estuvieron tranquilos. Con sus máquinas intactas, el *Stockholm* sobreviviría al siniestro. Era el momento de ocuparse del otro barco; Nordenson ofreció a Calamai recogerlos de sus lanchas salvavidas. El italiano le respondió que, a causa de la escora, no podía botar las de la banda de babor. Tendría que conformarse con poner en el agua las ocho de estribor, y muy a duras penas por lo lejos que quedaban con la escora del buque; los pasajeros tendrían que descolgarse por el costado antes de poder abordarlos, un costado negro que se cerniría siniestramente sobre ellos, donde el «agujero negro» podía engullirlos. Haciéndose cargo, Nordenson ordenó botar la mitad de sus botes para colaborar en el salvamento, hecho que comunicó al *Andrea Doria*. Eran las 01:08 de la madrugada.

Además de la Guardia Costera de Long Island, que mandó un patrullero, al menos siete barcos recibieron la petición de socorro del transatlántico italiano. Cuatro de ellos eran mercantes, el más cercano de los cuales, a sólo quince millas del lugar del siniestro, resultó ser el *Cape Ann* del capitán Boyd; dos barcos de la US Navy, el destructor *Allen* y el transporte *Private William H. Thomas*, que se dirigieron hacia allí inmediatamente; y el restante, un colega, el veterano transatlántico *Ile de France*, con su aristócrata comandante barón Raoul de Beaudéan, que invirtió

El elegante y legendario transatlántico de la Línea Francesa *Ile de France*, que, al mando del aristócrata capitán Raoul de Beaudéan, se convirtió en oportuno y magnífico rescatador del pasaje del *Andrea Doria*, llegando al lugar del suceso en apenas unas horas.

el rumbo antes de la medianoche en dirección al barco faro. Calamai fue ordenando los mensajes, y, antes de recibir los del *Stockholm*, ya sabía que al menos seis barcos se dirigían hacia él. Tendrían que tener cuidado con la niebla para no embestirse entre sí, como les había sucedido a ellos. En tal sentido, el barón avisó a la Guardia Costera de que la visibilidad era nula.

Mientras tanto, a bordo del transatlántico, la situación se tornaba dramática. Aunque la oficialidad siguió el ejemplo del capitán, manteniendo la cabeza fría, muchos camareros y gente de servicio buscaron la salvación empujándose con los pasajeros en algún punto de desembarque. Los primeros botes que llegaron al *Stockholm* decepcionaron a su tripulación, pues venían llenos de camareros del buque italiano. Sin embargo, uno de ellos, Gino Rovelli, protagonizó un heroico episodio, al trabajar durante varias horas para liberar a una mujer atrapada que, finalmente, murió. El y su marido tuvieron la sangre fría de pedir un gato de tornillo a otro buque y esperar hasta que llegara. El capitán Calamai respaldó toda la operación. Para alivio de todos, y espectacular contrapunto, de pronto se disipó la niebla, y el *Ile de France,* mucho más grande que el *Andrea Doria,* apareció allí, junto a ellos, esperándoles y con todas las luces encendidas. Los pasajeros agradecieron aquella aparición maravillosa; fue un momento, sin duda alguna, de gran emoción.

A la vista del rescatador, el transbordo, inevitablemente, se agilizó. En muchos puntos de desembarque se desató el pánico y los oficiales perdieron el control de la situación. La gente se atropellaba y niños y ancianos caían al agua. Liliana Dooner, una experta nadadora, había tenido que salir en paños menores de la cama para salvar a su hija. Alguien, en cubierta, le dejó ropa de abrigo, pero, al escurrírsele su hija al agua, se despojó de todo y se lanzó, logrando agarrarla por una pierna. Puesta a salvo la niña, y a cubierto la madre, otra pequeña cayó de la cubierta y Liliana, sin dudar un momento, se sacudió la ropa otra vez y en cueros hizo el tercer rescate de la noche antes de quedar aterida y extenuada. En el puesto de desembarque de popa, el oficial Eugenio Giannini logró guiar y calmar a la gente para que, con orden, fueran bajando por la red de protección de la piscina y poniéndose a salvo. Por el agua se acercó al rescate, al mando de un bote del *Stockholm*, nada menos que Johan Carstens, autor material del abordaje. No contento con atizar al *Andrea Doria* con su transatlántico, ahora volvió a golpearlo con su bote varias veces, averiándolo gravemente antes de conseguir verlo lleno de náufragos. Logró el récord de abordar dos veces y con diferentes embarcaciones en la misma noche al buque italiano. Las anécdotas de la evacuación son incontables, pero finalmente, hacia las tres de la madrugada, casi todos los pasajeros y gente de servicio estaban a salvo, setecientos cincuenta y tres de ellos a bordo del *Ile de France,* quinientos cuarenta y cinco en el *Stockholm,* ciento veintinueve en el *Cape Ann* y aproximadamente un centenar en cada buque de la US Navy.

Para entonces, la escora del *Andrea Doria* moribundo era ya de treinta y cinco grados, y continuaba aumentando. Era posible ponerse a salvo directamente desde la baranda de la cubierta de paseo hasta las lanchas salvavidas, pues el costado negro había desaparecido bajo el agua. Se iba a pique sin remedio. Ordenados en torno a su capitán, la tripulación del buque terminaba sus tareas en el puente de mando enviando los últimos mensajes, recogiendo libros y papeles, y sopesando la posibilidad, finalmente descartada, de pedir remolque. Calamai ordenó finalmente a sus fieles tripulantes abandonar el buque; cuando ya casi todos estaban en los botes hizo amago de quedarse a bordo, pero sus oficiales, todos a una, le exigieron acompañarles o permitirles quedarse con él. Calamai cedió; eran las 05:30 de la madrugada, y tenía todas las garantías de ser el último en abandonar el buque. Aunque en nada afecta a su prestigio, no lo fue; un marinero herido se había quedado a bordo sedado con narcóticos, y no despertó hasta las 05:10. Se llamaba Robert Hudson, y tuvo la desagradable experiencia de encontrarse en un barco desierto que se hundía. No fue rescatado, de una red del costado, hasta las 07:30 de la mañana.

El sol había salido ya sobre el escenario de la tragedia en la que habían perdido la vida cincuenta y una personas. Una auténtica multitud de barcos se habían congregado allí, en torno el barco faro de Nantucket, para presenciar la muerte del *Andrea Doria*. Después de dar tiempo a sus pasajeros y su tripulación, el gran y hermoso *liner*, como un jefe indio, se tomó su tiempo, escorando grado a grado, sin prisa alguna. A las 09:45 estaba completamente tumbado, comenzando a sumergirse por la proa. En noventa metros de sonda, esta última no tardó en tocar fondo –como la del *Lusitania*– sumergiéndose todo el costado y dejando sólo la popa con una hélice para que la inmortalizara, desde un helicóptero, Harry Trask, del Traveller de Boston, que conseguiría con estas fotos el Pulitzer. Luego, el magnífico barco quedó reposando en el fondo, sobre el costado de estribor, donde ha sido visitado innumerables veces. Su pecio está deteriorándose poco a poco, desplomándose las airosas superestructuras sobre el fondo. Pero mientras sus hermanos –*Cristoforo Colombo*, *Leonardo da Vinci*, *Michelangelo* y *Raffaelo*– tuvieron que pasar por el trago de ser considerados no rentables y acabaron pasto de las llamas algunos y del ignominioso desguace todos, él continúa allí, cómodamente tumbado en su sepultura, desde la que, de vez en cuando, como en la famosa novela sudamericana, tal vez cambie impresiones con el no muy lejano barco faro.

ROMÁNTICA CONCLUSIÓN

A la hora del salvamento el *Andrea Doria*, inevitablemente, tiene que ser uno de los que mejor nota reciban. Una vez abordado y con una gravísima avería en un costado, mortal de necesidad, fue capaz de mantenerse casi once horas a flote, tiempo más que de sobra para que el pasaje primero, y la tripulación después, se pusieran a salvo. Que respondiera de forma tan noble ha llevado a muchos a considerar que, de haber estado bien lastrado, muy posiblemente habría sobrevivido a la inundación, e incluso, con la máquina de babor y una vez evacuado de pasajeros, habría podido ponerse a salvo por sus propios medios.

El comportamiento de la tripulación, desde el capitán hasta el último marinero, fue magnífico. Sin duda, se trataba de la élite, cuidadosamente seleccionados y muy bien entrenados: profesionales en el mejor momento de su carrera, que, por fortuna, muchos de ellos podrían seguir con éxito. Al menos cuatro de los oficiales mandaron luego buques, tres de ellos de la propia Italia Line, que tuvo el atinado juicio de no retirarles la confianza. A pesar de algún desorden y las dificultades, el pasaje se transbordó y puso a buen recaudo en menos de dos horas, ejemplar. El heroico Rovelli encontró trabajo en el *Cristoforo Colombo*. Por lo que respecta a Nordenson y Carstens también siguieron navegando, aunque el segundo abandonó la mar en 1965.

Aunque el salvamento no estuvo organizado, fue tan completo como se pudiera desear, pues se tuvo a mano dos mercantes, dos buques de la Armada, y el gran protagonista, el *Ile de France* con su comandante el barón Raoul, que recibió la Orden de la Legión Francesa. El pleito legal por el caso se prolongó largo tiempo y ahorraremos detalles. Culminó con un decepcionante acuerdo entre las navieras y aseguradoras según el cual la Italia Line abonó unos dos millones de dólares para recibir dieciséis por la pérdida del barco, mientras que los suecos abonaron cuatro millones y recibieron uno por los daños del *Stockholm*. Con los seis millones pagados por las navieras se indemnizó a las víctimas. De este modo, nunca hubo un culpable legal por el siniestro, y se instaló la verdad a medias de que ambas partes tuvieron responsabilidad en el mismo, decantándose el juicio mediático por la culpabilización de Calamai, perjudicado por la participación económica estadounidense en la compañía sueca, que puso la prensa en su contra.

Pero lo cierto era que los suecos circulaban por donde no debían, y el juicio demostró que la impresión previa al accidente de Carstens era errónea. Calamai quedó abocado a enmendar ambas pifias con una maniobra de última hora decidida en segundos, a cara o cruz, y con el cincuenta por ciento de probabilidad de error, incurrió en él. Si algo se le puede reprochar al capitán italiano es su hermetismo, tanto con la radio como con sus pasajeros, pero no olvidemos que, en 1956, los barcos

En ambas fotos podemos apreciar el digno y severo porte del capitán Piero Calamai del *Andrea Doria*, un profesional como la copa de un pino que adoraba su barco y su profesión, veterano de guerra de la Regia Marina Italiana donde fue condecorado y reconocido por todos sus tripulantes y colegas de la mar. Sin embargo, intereses económicos sueco-estadounidenses hicieron que se resaltara su única y terrible equivocación como principal causa del accidente, destrozando su vida y carrera, cuando lo cierto es que el *Stockholm* también incurrió en varios errores de bulto.

llevaban en escucha aparatos de MF para fonía y LF para recibir o emitir mensajes en morse. El VHF no llegó a la marina mercante hasta 1964, y su uso habitual tal como hacemos hoy en casos como este es también posterior. Quedó, no obstante, para la posteridad, el juicio de si fue prudente internarse en la niebla a velocidad elevada; si el veredicto es negativo, ambos comandantes incurrieron en el mismo error.

Para sustituir al *Andrea Doria* la Italia Line construyó, sobre sus mismos planos modificados, el *Leonardo da Vinci*. Resultó igualmente bello e igualmente inestable, pero, en este caso, el buque se modificó mediante la adición de tres mil toneladas de hierro de lastre que incrementaron considerablemente el gasto de combustible. Así que si el presunto documento acerca de los defectos del *Andrea Doria* existía, los italianos hicieron caso omiso tanto para modificar este buque como para aplicar las conclusiones correspondientes al *Leonardo da Vinci*. En otras palabras, igual que a Calamai le costó asumir el accidente, los dirigentes de la compañía se mostraron remisos en digerir que sus buques no eran perfectos. Y es que si hay algo que distorsiona la objetividad y puede ocasionar graves tropiezos e incluso lamentables siniestros en la carrera profesional, esto es el amor excesivo.

Capítulo 9
El primer petrolero accidentado
La catástrofe ecológica del *Torrey Canyon,* islas Scilly, marzo de 1967

CHAPAPOTE A LA VISTA

Desempolvando uno de los clásicos juveniles con más solera acerca de la mar, *La isla del tesoro* de Robert Louis Stevenson, encontraremos en sus páginas que La Mancha Negra era la maldición filibustera con la que los piratas se anunciaban el paso al otro mundo entre sí. El cruel ciego Pew, atraído a la posada del Almirante Benbow, marca con ella la palma de la mano de Billy Bones –secuaz del legendario pirata Flint–, ocasionándole así inexorablemente la muerte. Aparte de deleitarnos con su fantasía no tan lejana a la realidad pirática, ¿podría sospechar Stevenson que estaba realizando una especie de vaticinio con un siglo de antelación? Probablemente no. Pero lo cierto es que, a la vuelta del tiempo, La Mancha Negra iba a ser la maldición que persiguiera cualquier punto de una bella costa, sin importar continente donde se hallara, ni su nacionalidad, anunciando su próxima devastación. Todo ello por los nuevos y deslumbrantes buques que el desarrollismo y la industrialización del siglo XX iba a ver navegando majestuosamente sobre la tersa superficie de los mares: los petroleros.

Si el petróleo es el oro líquido que mueve el mundo, o, mejor dicho, el pequeño, rico y marginal mundo desarrollado, trasladarlo de allí donde se obtenía hasta el lugar donde era consumido fue el papel que se asignó a unos buques hasta entonces anónimos como cualquier otro mercante, pero que cobraron una importancia desproporcionada a raíz de una desafortunada serie de acontecimientos que acabaron por transformarlos en monstruos crueles y ciegos, portadores de La Mancha Negra al lugar donde habrían de terminar sus días con algún lamentable accidente.

Se suele decir que la transformación del petrolero y su definitiva metamorfosis a superpetrolero (VLCC, Very Large Crude Carrier o 'transporte de crudo muy grande') vino a raíz del cierre del canal de Suez a consecuencia del fin de la guerra de los Seis Días, que dejó un contendiente en pie de guerra sobre cada ribera haciendo impracticable esta imprescindible vía marítima de comunicación. A partir de entonces, el transporte de petróleo desde el golfo Pérsico hasta Europa y el resto del mundo occidental tuvo que hacerse por la larguísima derrota del cabo de Buena Esperanza, aumentando exponencialmente el número de millas recorridas, y de todo naviero es conocido, como de todo buen tendero, que si hay que ir muy lejos y el camino es largo cuanta más mercancía se lleve, mejor. La industria naval, que estaba lejos técnicamente de asumir el desafío, lo hizo por simple oportunismo industrial: los proyectistas estadounidenses descubrieron que podía ser fácil y muy rentable construir grandes buques petroleros en unas gradas aburridas desde la Segunda Guerra Mundial pero muy productivas como eran las japonesas, y, puesta así en contacto el hambre con las ganas de comer, el resultado no podía ser otro que el inmediato gigantismo de los buques petroleros, que, de unas decenas de miles de toneladas por unidad en los años cincuenta, en la década siguiente alcanzaron el centenar, llegando pronto a los dos centenares, e incluso, algunos, a las trescientas mil toneladas. A estas alturas, por fortuna, el auténtico aluvión de incertidumbres, accidentes y problemas generados impusieron el sentido común, y muy pocos VLCC superaron estas cifras. Para los amantes de los récords, diremos que el más grande ha sido el *Seawise Giant*, de más de medio millón de toneladas de registro bruto, que, después de una azarosa vida, rumia el fin de sus días en una terminal del golfo Pérsico como depósito de petróleo; por mucho que los incondicionales de La Mancha Negra soñaran con el petrolero «un millón», ningún naviero se ha atrevido a arriesgar su pecunio con un megaarmatoste incapacitado para navegar por casi todas las derrotas marítimas por su fenomenal calado y propenso a dar muchos más problemas que beneficios (aunque posible tecnológicamente).

Y es que pronto se vio que, en pos de la ganancia fácil, muchas cosas se habían hecho demasiado aprisa. Los primeros superpetroleros se materializaron con escantillonados (dimensiones estructurales) de buques normales, cuando, como pronto se comprobó, sus estructuras sufrían solicitaciones crecientes no proporcionales al aumento de tamaño, sino mayores exponencialmente en algunos lugares, por lo que muchos de estos buques, al ser cargados, descargados, trimados y navegados en condiciones difíciles se encontraban muy pronto en condiciones críticas de resistencia, amargando los pocos instantes de ocio de sus aisladas tripulaciones. Por si este «problemilla» fuera poco, no hubo otro remedio que tripular semejantes leviatanes con marinos acostumbrados a operar con barcos normales, que muy poco o nada tenían que ver con ellos. Hasta que toda una generación de marinos se habituó al manejo, manipulación, introducción en puerto, atraque y desatraque en refinerías de estos «vehículos», los incidentes –algunos muy graves– proliferaron. Por último, el petróleo, del que, como el agua de mar, se esperaba un comportamiento noble y de «perfil bajo», resultó materia líquida y viscosa mucho más difícil de tratar de lo que parecía, y cuyo peligro «en ausencia» era mucho mayor que «en presencia», pues mientras que un petrolero cargado es uno de los ingenios flotantes más seguros que existen, descargado dejaba en los tanques gases, residuos y demás porquería que, lejos de dejarse limpiar, tendía a oponerse al desalojo y provocar inopinadas explosiones si los limpiadores optaban por la «línea dura». De la fragilidad de los petroleros –auténticos barcos de cristal–, sus enormes dificultades de manejo –torpes como autobuses en casco de ciudad vieja– y las peculiaridades –explosivas– de su cargamento, ha derivado un enorme número de accidentes con los que La Mancha Negra, lejos de extinguirse, ha podido darse bien por satisfecha extendiendo su pringosa marca por medio mundo, llegando su influencia muy por encima de las autoridades marítimas, que, desbordadas por la acometida, acudieron a sus «jefes» los políticos para hacer frente al asunto, y, puesta La Mancha en las manos de estos, como en las de Billy Bones, el resultado no podía ser otro que el que cabía esperar.

DEPÓSITOS PELIGROSOS Y DIFÍCILES DE CONDUCIR

La carrera superpetrolera se inició en el Japón, y muchos otros países quisieron aprovechar la bicoca, construyéndose VLCC prácticamente en todos los astilleros con gran tradición naval por los beneficios derivados; en especial, de países en vías de desarrollo, «retrato robot» al que, como ya se habrá adivinado, respondía a la sazón muy bien España, que construyó muchos y muy grandes petroleros, y, en justa compensación, hubo de recibir La Mancha Negra como oleoso y devastador regalo para sus costas. En principio, todo lo grande, sea lo que sea, impresiona, y, por la irresistible tendencia del ser humano a tenerlo más grande que el vecino, cuanto más grande, mejor. Los países constructores y armadores, en principio orgullosos de izar su bandera y garrapatear las chimeneas de estos mastodontes con sus iniciales, fueron poco a poco arrepintiéndose al ver que los impuestos y facturas, del mismo modo, alcanzaban tamaños colosales, y, por si fuera poco, los siniestros iban quitándoles popularidad, acabando el caprichoso y atolondrado dedo mediático por señalar a los VLCC como auténticos apestados.

Aparecieron entonces países como Liberia, Malta o Panamá dispuestos a abanderar estos «depósitos de petróleo autopropulsados» a precios muy razonables sin ocuparse demasiado por la legislación y concediendo a los armadores diversas ventajas fiscales, por lo que no tardaron en erigirse como los de mayor flota superpetrolera del mundo sin que ninguno de sus «adoptados» se hubiera molestado siquiera en acercarse por sus costas, pues estaban muy ocupados rentabilizándose o envueltos en cualquier remoto accidente. Es decir, ni siquiera tuvieron que preocuparse por La Mancha Negra.

A consecuencia de esta nueva bicoca, países enteros –como España, otra vez– quedaron sin flota petrolera, y así siguen desde entonces. Los ingenuos pensaron entonces que, aunque un petrolero llevara pabellón que no fuera el suyo «propio», no tardaríamos en distinguirlo por la nacionalidad de su tripulación, el astillero de procedencia y el *savoir faire* de las maniobras en puerto. Pero lo cierto era que los navieros, con sus enredos, no habían hecho más que empezar. Puesto de moda el cambio de bandera, uno podía cambiársela legalmente no sólo al buque, sino a la tripulación, el cargamento, el seguro y un largo etcétera tantas cuantas veces fuera necesario para una máxima rentabilidad, mínimo esfuerzo o razonable posibilidad de escaqueo en caso de oler a chamuscado,

Superpetrolero o VLCC de primera generación *Torrey Canyon* de la Barracuda Tanker Corporation, un excelente buque construido en Estados Unidos. y alargado posteriormente en Japón que, con su accidente en las islas Scilly (en el extremo suroccidental de Inglaterra), iniciaría la larga serie de siniestros de grandes petroleros que conmocionaron la opinión pública a finales del siglo xx.

poniendo luego los accidentes sobre la mesa la evidencia de que muchos superpetroleros navegaban inmersa su gestión en tal cúmulo de papeles, cambios, contratas, subcontratas y fletes que resultaba francamente difícil saber quién era el propietario del buque o de la carga, o qué empresa aseguradora respondería en caso de siniestro.

Lógicamente, las autoridades, puede que después de ver el film *Los intocables de Eliot Ness* para remover sus conciencias, emprendieron la persecución legal y física de estos procederes –se dieron casos de fraude y estafa como el famoso del petrolero *Salem*, que, después de vender su cargamento de crudo árabe en un país embargado (Sudáfrica) fue echado a pique por su tripulación cerca de Dakar para cobrar el seguro– generando la legislación correspondiente e inspeccionando concienzudamente todos los petroleros con especial atención para los de bandera «de conveniencia». Sólo a título informativo diremos que, en los comienzos del siglo xxi, un superpetrolero VLCC tenía que pasar al menos cuatro revisiones, las periódicas del país de bandera (Liberia se tuvo que espabilar), la de las sociedades clasificadoras de seguros (Bureaus y Lloyd's), la de los propios fletadores (conocida como Vetting), y, por último las más solemnes visitas sorpresa del Convenio de París. Sin este «póker» de permisos, ningún VLCC debería estar en la mar.

Desde el punto de vista técnico, los superpetroleros comenzaron siendo simples tanques adosados linealmente en el interior y a lo largo del cuerpo del buque, con un puente de mando a media eslora para la oficialidad y el mando, y otro a popa, con la chimenea, que albergaba la tripulación. El petrolero *Torrey Canyon*, cuyo siniestro nos ocupa, mostraba esta configuración. Era un producto típico del desarrollismo y gigantismo del buque petrolero a finales de los años sesenta, y llevaba en su historia grabado todo lo anterior. Había sido construido en Estados Unidos con proporciones razonables, pero una obra de «alargamiento» en Japón lo llevó a alcanzar casi trescientos metros de eslora y ciento veinte mil toneladas de desplazamiento. Pertenecía a la Barracuda Tanker Corporation de Bermudas, filial de la Union Oil Company estadounidense que tenía arrendado el petrolero, habiéndolo subarrendado a su vez para una subsidiaria de BP. El barco, un mercante excelente para los estándares de su época, capaz de alcanzar los dieciséis nudos con dos turbinas de vapor a un sólo eje, tenía bandera liberiana, estaba asegurado en Londres y su tripulación era italiana, al mando del capitán Pastrenglo Rugiati, de cincuenta y seis años, con más de veinte de experiencia en petroleros y el último, en concreto, sin apearse un solo día, por lo que, según informe posterior, estaba muy deteriorado psicológicamente, sufría espasmos nerviosos e insomnio, manifestándose su enfermedad tuberculosa tras el accidente. Sin tener ni remota sospecha de ello, bien al contrario, posiblemente considerándose, con la mentalidad al uso, como un cumplidor sin tacha, Rugiati era en realidad el punto débil de su buque, que lo conduciría al desastre. Pero no adelantemos acontecimientos.

Una madrugada de marzo, el *Torrey Canyon*, lleno hasta las trancas de crudo kuwaití, se hallaba buscando concluir el largo periplo al golfo Pérsico en la terminal de Milford Haven, donde le recomendaron llegar con la segunda pleamar del día so pena de tener que esperar seis días por la siguiente. Desde la última posición conocida había dado un rumbo de recalada sobre el extremo suroccidental de Inglaterra, cinco millas al sur de la roca Bishop. Navegando sobre esta derrota prevista, a las 06:30 el petrolero detectó con su radar las islas Scilly o Sorlingas a veintiséis millas y abiertas una cuarta por babor. En otras palabras, el buque no se dirigía al punto de recalada, sino ligeramente hacia el este, lo que venía de perilla para dejar todo este marasmo de rocas, islas y farolas por babor y navegar directamente a puerto, que era hacia donde seguramente, y como buen caballo, el *Torrey Canyon* se dirigía por instinto pasándose por el forro la estima, el radar, las cartas marinas y los traumas de su cansada tripulación, pues debía de tener hambre de establo después de tan larga cabalgada con las alforjas llenas.

Pero, ¡ay!, aquí, con la iglesia hemos topado, Sancho. El primer oficial, viendo el error sobre la derrota prevista, corrigió el rumbo y llamó al capitán, sacándolo de los brazos de Morfeo para preguntarle si buscaba el punto de recalada, como estaba haciendo, o se dejaba de puñetas y tiraba directo a puerto, que era lo que hacía el petrolero con acertado y equino juicio antes de que él lo reintegrara, a regañadientes, a la prevista derrota. La respuesta dejaría a oficial y petrolero perplejos, pues el capitán, tras el rapapolvo consiguiente, ordenó volver ¡al rumbo inicial! que con tal mala puntería los acercaba a los bajos y roquedales de las islas Scilly. Donde manda patrón, ya se sabe, pero tal vez en este momento el petrolero, con ese sexto sentido de los barcos, sospechó que así no sólo se comprometía su llegada, sino que, tal vez, el soñado puerto nunca llegaría a hacerse realidad.

Por lo que respecta al primer oficial, y tras verificar al pie de la letra la eximente de obediencia debida, abandonó el puente a las 08:00, dejando allí al tercero y al ya despabilado capitán. Lo que había sucedido en esta crucial hora y media era que el *Torrey Canyon*, lejos de tomar un razonable camino a puerto, se había aproximado al berenjenal de las islas Scilly, donde, además del punto de recalada al oeste del Bishop Rock, están las islas Sorlingas, el barco faro Seven Stones, Longships, y, más allá, Wolf Rock. Pero, lejos de impresionarse ante ello, Rugiati, en decisión sin precedentes, decidió pasar por el canal de cinco millas de ancho –y expresamente desaconsejado por el derrotero para barcos grandes– entre el barco faro Seven Stones y las islas Scilly.

La cosa se complicó desde el principio; sólo se pudo tener situación de partida para el cruce con demoras cortadas con distancia radar. Sin saber dónde está uno, muy difícilmente podrá marcar sobre la carta la derrota por la que va. Como suele suceder en estos aprietos, dos

El *Torrey Canyon* varado en el paso de cinco millas entre el barco faro *Seven Stones* y las islas Scilly. Ceñirse a la derrota prevista cuando se había derivado al este y diversos problemas de navegación en momentos críticos, condujeron al enorme buque de casi trescientos metros de eslora y ciento veinte mil toneladas de desplazamiento, completamente cargado, a una embarrancada catastrófica de la que no pudo salir jamás.

pesqueros «empujaron» aún más la derrota sobre las Scilly, resultando que, con la corriente de casi un nudo a favor, los bajos quedaban sólo a dos millas por la proa. Cuando quisieron darse cuenta (por una demora al Seven Stones), Rugiati intentó meter toda a babor, pero el piloto, en modo fijo, lógicamente no obedeció. Un tiempo precioso transcurría mientras el capitán revisaba un posible fallo de piloto y llamaba a máquinas para que hicieran lo mismo abajo, en el servo, hasta que se dio cuenta de que sólo tenía que ponerlo en «manual». Metió toda la caña a babor, y, a casi dieciséis nudos, con rumbo norte, tocó fondo y destrozó su barco en el paraje conocido como Pollard Rock, donde murió el *Torrey Canyon* de la forma más injusta e inmerecida que un buen barco puede morir.

Todos los intentos para extraer al petrolero de su tumba durante aquella jornada resultaron inútiles, y, al día siguiente, Rugiati ordenó la evacuación. Varios expertos y un equipo de salvamento llegaron al buque; tras dos días de trabajos, una explosión en máquinas acababa con la vida de uno de estos hombres. En pleno temporal, con el petrolero roto y repartiendo crudo por todas partes, no hubo otra que dejar el buque desierto a merced de lo que resolvieran las autoridades. Al almirantazgo inglés no se le ocurrió otra cosa que un expeditivo disparate, es decir, «atacar» el cadáver del petrolero con bombas, cohetes y napalm –estamos en 1967 y la película de moda será luego *Apocalypse Now*–, con lo que el crudo ardió y se extendió aún más, y el pobre *Torrey*, que no tenía culpa de nada, acabó convertido en un amasijo de hierros retorcidos. En total, cayeron al agua ciento siete mil toneladas de crudo kuwaití, que contaminaron a modo la costa inglesa, y, quince días después, la francesa también. Se calcula que casi un cuarto de millón de aves marinas resultaron muertas, y los daños sobre playas, pesquerías y ecosistemas litorales fueron incalculables. Casi ocho mil personas se ocuparon del trabajo de recogida de crudo («chapapote») sobre las playas, auténticos y verdaderos héroes vencedores de La Mancha Negra con el granito de arena de su aportación individual. Rugiati jamás volvería a mandar un barco, y, durante el resto de su vida, tal vez soñara con el botón del piloto que tan mala jugada le gastó en un momento trascendental.

El *Torrey Canyon*, con su accidente, implicaciones y consecuencias, marcaría un antes y un después para los superpetroleros. En años sucesivos y primeros setenta, La Mancha Negra alcanzaría los remotos parajes y paisajes marinos del cabo de Buena Esperanza y la corriente de Las Agulhas con las catástrofes del petrolero francés *Sivella* y el *Esso Essen* –que, con un vertido de cuatro mil toneladas de crudo mató al menos veintidós mil quinientos pingüinos y aves marinas–, el *World Glory* de Niarchos frente a Durban, y los sucesivos accidentes del *Kazimah*, el *Wafra*, y los VLCC *Texanita, Metula* y *World Princess*. En 1983, el superpetrolero español *Castillo de Bellver*, con 252.264 toneladas de petróleo a bordo y grietas estructurales en forros y cruces de longitudinales con bulárcamas, se pegó fuego sesenta y ocho millas al noroeste de Capetown y se hundió con tres muertos, provocando dos vertidos catastróficos en este mismo lugar. Por las mismas fechas iniciales –1970– La Mancha Negra hizo su aparición frente a las costas de Vigo, donde el petrolero *Polycommander* vertió casi dieciséis toneladas de crudo. Durante todo este tiempo, los astilleros mundiales, en una peligrosa escalada, construían la nueva generación de superpetroleros, los auténticos VLCC que todos conocemos, con sus cascos anchos y paralelepípedos para máxima capacidad de los

Restos del *Torrey Canyon* tras ser bombardeados por la aviación británica para eliminarlo como peligro para la navegación. Este «tratamiento de choque» para petroleros accidentados fue desechado al comprobarse su inutilidad para paliar la marea negra, es decir, que resultaba mucho peor el remedio que la enfermedad.

tanques, de fondo sencillo, la cubierta plagada de tuberías, spots, válvulas y posteleros, majestuosas superestructuras *all-aft* ('todo atrás'), y una sola máquina, una hélice y un timón que habrían debido mover todo aquel mastodonte de un lugar a otro del mundo, pero que, en caso de fallo, los dejaban inermes y a la deriva.

Esta generación de buques llegó a estremecernos con sus siniestros. A finales de los setenta, el superpetrolero español *Urquiola*, al mando del capitán Francisco Rodríguez Castelo, entrando en el puerto de La Coruña por el canal norte, tocó el banco de Yacentes con su aparadura produciéndose pequeñas averías. Increíblemente, la Comandancia de Marina le ordenó marcharse por donde había venido, lo que hizo a nueve nudos, incrustándose en el bajo y haciendo explosión. El pundonoroso capitán fue la única víctima del accidente, que produjo un vertido de dieciséis mil toneladas de crudo. Dos años después, el *Amoco Cádiz*, al mando del capitán Bardari, quedó a la deriva en el dispositivo de tráfico de Ouessant, en la Bretaña francesa. Era un gran buque con doscientas veinte mil toneladas de petróleo a bordo; mientras la central de Amoco en Chicago perdía un tiempo precioso negociando el remolque más ventajoso, el VLCC derivaba hacia las rocas de Portsall, donde acabó embarrancando sin remedio. Derramó casi todo su cargamento, originando una catástrofe ecológica sin precedentes.

Las conclusiones de este y otros accidentes llevaron a los organismos internacionales a definir el célebre y muy manido por la prensa modelo de «superpetrolero ideal», es decir, con doble fondo para evitar vertidos, dos máquinas a fin de prevenir el fallo de una, etc. Sin embargo, nadie se preocupó, al parecer, de quitar de la circulación o restringir los movimientos de los VLCC de casco sencillo, máquina única y factura japonesa que había por ahí a decenas, navegando bajo cien banderas, con nombres cambiados casi una decena de veces, y –lo más importante– con una previsión de vida útil nunca por encima de los quince años, cuando ya rebasaban la veintena. En los años noventa dos de ellos, el *Braer* y el *Erica*, fueron siniestro por fallo en la máquina el uno, y partido por la mitad el otro, con vertidos de ochenta y cinco mil y diez mil toneladas de crudo respectivamente. Asimismo, a fines de los ochenta y primeros noventa hubo otros dos siniestros imputables al «fallo humano»: en marzo de 1989, el capitán Hazelwood, al mando del petrolero *Exxon Valdez*, saliendo de la refinería de su mismo nombre a la bahía del Príncipe Guillermo en el golfo de Alaska por un difícil paso, de noche, entre arrecifes y hielos, cometió la imperdonable ligereza de dejar a su tercer oficial a cargo de una caída a estribor que este –nunca se supo por qué– no ejecutó. De resultas, el gigantesco superpetrolero, con ciento ochenta y una mil toneladas de crudo a bordo, embarrancó en el arrecife Blight, sobre el que derramó la quinta parte de su cargamento. Por último, en diciembre del 92, el magnífico *Mar Egeo*, al mando de Constantinos Stavridis, trató de entrar al puerto de La Coruña por el canal oeste o de punta Herminio, de noche, con mal tiempo y sin práctico, ejecutando una brillante maniobra que frustró un chubasco, acabando por embarrancar bajo la misma Torre de Hércules. Derramó casi quince mil toneladas de crudo ligero, hizo explosión y se incendió. Con esto, la nueva reglamentación, la retirada del servicio de muchos buques viejos, y las exhaustivas inspecciones, pareció que La Mancha Negra, si no extinguida, había quedado, al menos, bajo control. Pero aún quedaba un nombre por añadirse a la lista, cerrando este triste balance: *Prestige*.

PRÓLOGO DE GRANDES CATÁSTROFES AMBIENTALES

Sometido a nuestra habitual ficha de análisis, no sólo el *Torrey Canyon*, sino muchos de los petroleros citados, acabarían demostrando que los VLCC podían explotar cuando navegaban en lastre, pero resultaban muy seguros yendo cargados y también al sufrir un accidente, transformándose en gigantescas plataformas de supervivencia que tardaban larguísimas horas, e incluso días, en hundirse. Sin duda que su estructura modular, y los tanques actuando a modo de compartimentación interna, contribuían a ello. También la disposición *all aft* del puente de mando a popa era una ayuda en las labores de salvamento, pues, aparte de constituir puntos de rescate razonablemente viables para izar desde ellos los tripulantes al helicóptero, ofrecían una más que adecuada protección y medios de supervivencia lejos de donde el buque estaba dañado o tenía lugar el incendio o la explosión. Los petroleros, pues, son básicamente nobles, por lo general, para sus tripulaciones, a las que ocasionan contadas víctimas.

Sin embargo, resultan un verdadero quebradero de cabeza para las autoridades marítimas e incluso los gobiernos a cuyas costas se aproximan con peligro de generar un gran vertido, y absolutamente letales en caso de producirse este último para la propia costa y los ecosistemas que contienen. Si ha habido un tipo de barco radicalmente enemigo de la ecología y la conservación del medio ambiente y los ecosistemas, y, por lo tanto, para la común sostenibilidad, ese ha sido, sin duda y por excelencia, el superpetrolero. Esta única certeza habría debido propiciar que las autoridades, con los primeros accidentes, hubieran restringido seriamente su tránsito y operación, en vez de lo que se ha hecho, que es centuplicar las inspecciones. Desgraciadamente, el sistema burocrático se ha revelado poco estricto, fácilmente soslayable y, en ocasiones, permisivo hasta inexplicables niveles. Esta dejación de las autoridades inevitablemente apunta a ellas para cargar con parte de la responsabilidad de los daños en las costas, achacables siempre a navieras poco escrupulosas, ocultas, indeterminadas, o residentes en países con los que resulta complicado tratar, no hablemos ya de tomar alguna medida restrictiva.

La responsabilidad del siniestro y vertido del *Torrey Canyon* se debió exclusivamente a un error humano, como la de otros superpetroleros como el *Exxon Valdez*, el *Mar Egeo* o incluso el *Urquiola*. Pero otros petroleros como el *Castillo de Bellver*, el *Erica* o el *Andros Patria* empezaron a acumularse en la estadística de accidentes por simple fallo estructural, es decir, ruptura del casco en algún punto que origina la inevitable catástrofe posterior. El tipo de buque que, con toda lógica, comenzó a sufrir este tipo de accidentes sin que algún comprensivo y oportuno armador lo mandase al desguace era el VLCC muy bregado, construido en Japón en los años setenta, que a partir de finales de los ochenta y noventa había pasado de mano en mano, ejercido de depósito o de lo que fuera completamente pasado de años, pues su vida útil se había calculado en quince años y en ningún caso prorrogables por encima de dieciocho. No obstante, a finales de los años noventa, y primeros años del nuevo siglo, quedaban barcos de este tipo, con casco sencillo, máquina única, armador indefinido y bandera de conveniencia navegando por todos los océanos del mundo y ¡pasando las inspecciones! Llegados a este punto, sólo cabe hacerse una pregunta: ¿con la responsabilidad ha de cargar únicamente el que produce la catástrofe, o el que contumaz y sistemáticamente se muestra incapaz de evitarla?

Capítulo 10
Víctima de un absurdo conflicto
Hundimiento del crucero C-4 *General Belgrano*, Atlántico Sur, mayo de 1992

ISLAS REMOTAS PERO CODICIADAS

Para encontrar el origen de la pugna por las islas Malvinas, en la que intervienen, además de británicos y argentinos, españoles y franceses, hay que remontarse nada menos que a 1520, cuando una nao de la flota de Magallanes, la *San Antón* o *San Antonio*, al mando del portugués Esteban Gomes, encuentra tales dificultades para la penetración en el estrecho patagónico que opta por desertar y regresar a la patria. Es entonces cuando, inesperadamente, tropieza con este archipiélago perdido en los confines del continente iberoamericano, ligeramente al norte de la isla de los Estados, como «recogido» en el amplio seno de la extremidad formal patagónica, unas doscientas millas al este del territorio argentino.

Pero ¿qué es lo que hace tan interesantes estas islas como para pelearse por ellas? Aparentemente, no son más que un rosario de islotes fríos y pelados, auténticos eriales inhóspitos que, lejos de inspirar disputas, se regalarían con gusto al primero que llegara. Geográficamente, vienen definidos por las dos islas más grandes, la Gran Malvina del lado de tierra, e isla Soledad hacia la mar, separadas, en diagonal, por el estrecho de San Carlos, fácilmente navegable. Un holandés, Sebald de Weert, reclamó su

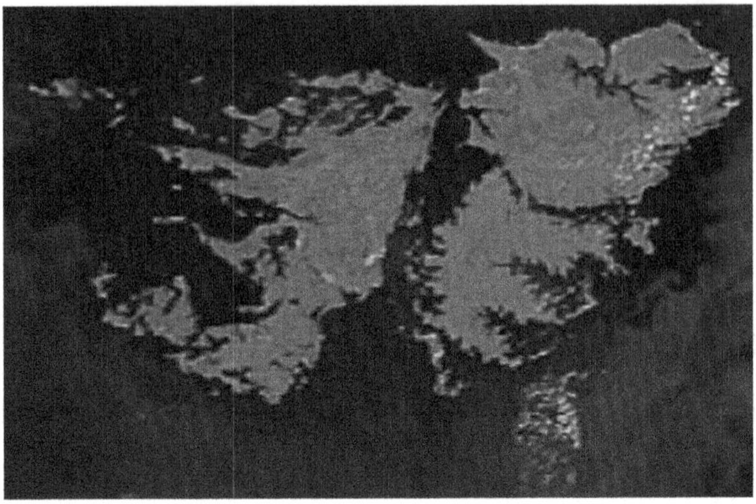

Las islas Malvinas vistas por satélite; emplazadas en lugar estratégico, su usurpación por parte de Gran Bretaña en el siglo XIX produjo que, cuando se acordó implantar la Zona Económica Exclusiva de doscientas millas, se plantease a Argentina un grave problema de aguas territoriales que la Junta Militar quiso resolver por la vía rápida de la invasión, pensando que Gran Bretaña no reaccionaría; craso error que dio inicio al conflicto conocido como guerra de las Malvinas.

avistamiento a inicios del nuevo siglo (XVIII), y también Richard Hawkins, hijo del famoso pirata, conspirador y negrero John Hawkins, armador inglés, a cuya palabra los propios suyos no quisieron conceder crédito, dando idea a la posteridad de lo que podía hacer con ella.

Los que sí anduvieron por los alrededores fueron Antonio de La Roca en 1675, que descubrió las Georgias del Sur, y en 1690 John Strong, que surcó el estrecho San Carlos al que bautizó de Lord Falkland, que será el nombre inglés por el que se conocerán las islas. En febrero de 1764 llega Antoine de Bouganville, abriendo aquellos caladeros para los pescadores bretones, en especial de Saint Maló, que se aventuraban por allí a pesar de la tremenda distancia de aquellas pesquerías al mercado donde comercializarlas, siete mil millas marinas. Establecidos en Port Louis –hoy Port Stanley, isla Soledad– comenzaron a conocer el desolado lugar como Malouines; los ingleses no les fueron a la zaga, sentando sus reales en Port Howard –Egmont– en la isla de enfrente, Gran Malvina.

Celosos los españoles de todo asentamiento indiscriminado en lugares estratégicos o en la proximidad de sus costas, iniciaron una campaña diplomática para desalojar las islas y volverlas a su estado deshabitado original, no fuera a suceder lo que tantas otras ocasiones había ocurrido en el Caribe, es decir, que colonos desharrapados se instalaban y luego no había quien los desalojara, decidiendo dedicarse al lucrativo negocio de la piratería precisamente por las bajas posibilidades del lugar para darles sustento. En plena ruta de navegación comercial hacia cabo de Hornos, las Malvinas estaban estratégicamente situadas para jugarretas de este género, que era necesario evitar a toda costa.

No era el mejor momento; dos años antes acababa de finalizar, en Europa y América del Norte, la llamada guerra de los Siete Años, de la que Gran Bretaña había salido en gran triunfadora, expulsando a los franceses de Canadá, destruyendo su flota y causando grave daño también a la española con la toma de La Habana y Manila, que, por fortuna, se devolvieron. Francia se avino a retirar sus pescadores por una indemnización de seiscientas dieciocho mil libras, trece sueldos y once dineros, pero los soberbios británicos dijeron que no se iban de la Gran Malvina; así que el gobernador Bucarelli tuvo que mandar una flota desde el apostadero del Río de la Plata al mando de Ruiz Puente para realizar el desalojo, acto que estuvo a punto de desencadenar una nueva guerra. La tensión diplomática obligó a Carlos III de España a devolver el enclave, con la promesa británica de desalojarlo al poco tiempo; entretanto, Ruiz Puente y los suyos se alojaron en Port Louis, rebautizado Puerto Soledad. Así quedaron los españoles en la isla de fuera y los ingleses en la Gran Malvina. Por fin, en 1774, estos últimos se fueron, quedando instaurada y restablecida la soberanía española.

En 1806, sin embargo, el gobernador se retiró al continente; con la emancipación de la Argentina en 1820, las islas pasaron a su soberanía, pero en 1833, sabiéndolas deshabitadas, Gran Bretaña, ejerciendo ya de gran imperio, se las apropió, convirtiéndose Puerto Soledad en Port Stanley. Argentina nunca renunció a ellas; durante ciento cincuenta años intentó hacer valer su derecho, manteniendo a sus habitantes en el censo, con resultados parecidos al tema de Gibraltar. Aparte de las pesquerías, riqueza inagotable, a los ingleses, como antes a los españoles, les interesaba la posición estratégica, y, más discretamente, la notable industria ganadera, que permitía –de modo análogo a La Roca– justificar la no devolución basándose en el rechazo de los habitantes isleños.

Gran Bretaña, una de cuyas señaladas habilidades ha sido dejar las rutas marítimas estratégicas sembradas de enclaves insidiosos –viendo sólo papel mojado en el derecho ajeno–, consciente de la debilidad de los sucesivos gobiernos albicelestes jamás quiso sentarse, como exigía el deber, a negociar diplomáticamente. Pero mantener esta dinámica prepotente, inamistosa y hostil *per saecula saeculorum* puede dar lugar a sorpresas muy desagradables y sangrientas. Aunque, en esto, hay que reconocer que los británicos no fueron los únicos en equivocar los cálculos.

UNA PIEZA DE MUSEO FLOTANTE

La intolerable situación duró nada menos que ciento cincuenta años, hasta que, a principios de los ochenta del siglo xx, a la ganadería, pesquería y posición estratégica de las islas Malvinas, vino a añadirse la declaración de la Zona Económica Exclusiva (ZEE) en las aguas litorales de todo el mundo. Argentina vio así sobre el mapa cómo el pequeño e ingrato parche de las Malvinas se transformaba en un enorme círculo de centro las islas y diámetro cuatrocientas millas –setecientos cuarenta y un kilómetros– que la legislación internacional instauraba en sus dominios como ajeno. Por si esto fuera poco, en dicho lugar los sondeos alumbraron la posibilidad de que hubiera pozos petrolíferos: ¡el oro negro del siglo xx!

Reconozcamos que para el instinto territorial del hombre, y la lógica defensa de los intereses nacionales, esto era demasiado, y habría justificado una ofensiva diplomática en toda regla con posiciones muy duras, alianzas y cesiones estratégicas a terceros que obligaran, de una vez, a ceder a Gran Bretaña, venida muy a menos desde la Segunda Guerra Mundial. Todo habría pasado, tal vez, por un flirteo con el otro lado del Telón de Acero para que Estados Unidos viera el espectro de una nueva Cuba en el hemisferio austral, frente al Chile de Pinochet. Pero los generales de la cruel dictadura argentina fueron mucho más simples, y, pensando que Gran Bretaña consideraría a estas alturas que «las Malvinas no valdrían ni el combustible necesario para enviar un buque de guerra», decidieron, ni cortos ni perezosos, dejarse de florituras internacionales y pasar, con los escasos medios de que disponían, a la invasión de las islas.

En aquella época, al menos sobre el papel, la Royal Navy alineaba un solo portaaviones ligero, el *Hermes*, a punto de marchar al desguace, dos cruceros portaaeronaves de aterrizaje y despegue vertical –*Invincible* y *Ark Royal*– con un tercero en construcción, más una treintena de unidades de escolta. La Armada argentina –ARA– tenía un viejo portaaviones operativo de tercera mano, el *25 de Mayo* (ex *Venerable* británico de la clase *Colossus*, además de *Karel Doorman* holandés), y una docena de buques de escolta, algunos de origen británico, muy modernos, con otros más veteranos comprados o cedidos por la US Navy y que procedían casi todos de la cosecha de la Segunda Guerra Mundial, casi cuarenta años atrás. Pero sobre el papel, repetimos, para un incauto imprudente podía parecer que, en el peor de los casos, la proximidad de las bases argentinas nivelaría la situación si se le negaban las aguas circundantes a las islas a la Royal Navy. Ignoraba este cálculo que la potente flota submarina británica, con unidades nucleares, era muy superior a la argentina –que sólo tenía unas pocas y viejas unidades Guppy y Balao estadounidenses– y podía hacer muchísimo daño a un despliegue naval sin un consistente apoyo antisubmarino, como era el caso de la ARA.

Pero, en fin, es sabido que Dios confunde a quien quiere perder, y así fue con la Junta del Generalato argentino, regida por el general Galtieri. Para el éxito de la invasión era primordial negar cualquier punto de aterrizaje en las islas a los británicos, es decir, la toma del aeropuerto de Goose Green, en isla Soledad; el 2 de abril de 1982 desembarcó un contingente argentino en las islas –operativo Rosario–, que rápidamente se apropió de la Casa del Gobernador y el mencionado aeropuerto; advertidos por su espionaje, el gobierno conservador británico de la señora Thatcher reaccionó enseguida, con un dinamismo formidable. Lejos de adoptar la desdeñosa actitud que los generales argentinos le habían calculado, Gran Bretaña, aun en plena decadencia, se dispuso a poner toda la carne en el asador para recuperar y defender aquel perdido enclave que de pronto había cobrado tan gran importancia estratégica. En el fondo, y oculto por los temas territorial y estratégico, subyacía un asunto de prestigio internacional que desde el otro bando no se supo calcular; respaldado, por supuesto, desde la orilla opuesta del océano, por el también conservador –republicano– presidente de Estados Unidos, la exestrella de Hollywood señor Ronald Reagan, sin el que nada de esta historia se habría podido llevar a cabo.

Porque, en efecto, si numéricamente la Royal Navy era capaz –justita– de asumir el desafío, logísticamente Inglaterra ni podía ni debería haberse permitido soportar una empresa militar tan imponente como la que exigía desplazar a trece mil kilómetros de la patria una flota de más de un centenar de buques y un ejército que tomara y mantuviera en su poder las Malvinas. Estados Unidos proporcionaría este apoyo. El día 5 de abril Gran Bretaña declaraba la guerra; por lo pronto, se envió por delante cuatro submarinos nucleares –*Valiant, Conqueror, Spartan* y *Splendid*– y uno convencional, *Onyx*, precisamente para negarle al enemigo la ocupación de los grandes espacios marítimos donde debería operar la numerosísima flota habilitada al efecto. Centraremos el interés en nuestro protagonista, el *Conqueror*, uno de los cinco submarinos nucleares de ataque de la clase *Churchill* o *Valiant* derivada de los *Skipjack* estadounidenses, de los que eran reproducción. Se trataba de grandes sumergibles de casi cinco mil toneladas de desplazamiento en inmersión, construidos entre 1966 y 1971, y capaz de dar veintiocho nudos sumergidos. Por lo tanto, auténticos, y muy rápidos, tiburones indetectables.

En el bando opuesto, la Armada argentina había adquirido, en 1951, dos magníficos cruceros tipo *Brooklyn* estadounidenses, los *Boise* y el *Phoenix*, con sólo doce años en las cuadernas. Eran enormes cruceros de desplazamiento similar a nuestro *Príncipe de Asturias* vacío –doce mil setecientas toneladas a plena carga–, propulsados por fiables calderas de petróleo Babcock y Wilcox y turborreductores Parsons. Con sus larguísimas proas e inacabable eslora podían alcanzar los treinta y dos nudos de velocidad, llevando potente armamento artillero de saturación compuesto por quince cañones de ciento cincuenta y dos milímetros cada uno.

Se construyeron nueve unidades en total –*Brooklyn, Helena, Honolulu, Nashville, Philadelphia, Savannah* y *St. Louis* que añadir a los anteriores–, casi todas procedentes de los astilleros de Nueva York y Newport News, que son el Ferrol estadounidense. Sólo se perdió en la guerra uno, el *Helena*, torpedeado por los destructores japoneses en la batalla del golfo de Kula, donde se hundió en menos de veinte minutos. Otros dos, muy dañados por la guerra y reparaciones –*Honolulu* y *Savannah*–, se desguazaron con veinte años, y el resto se vendió. Brasil recibió los *Philadelphia* y *St. Louis* (almirantes *Barroso* y *Tamandaré*), y Chile los *Brooklyn* y *Nashville* (*O'Higgins* y *Prat*).

En realidad, y una vez más, lo que hacía Estados Unidos con esta venta de saldos de posguerra era nivelar la composición de fuerzas en las marinas sudamericanas. Argentina, Brasil y Chile estaban precisadas de sustituir, a estas alturas, los auténticos *Tiranosaurios Rex* –además de conspicuos chatarrales– que eran los acorazados de la Gran Guerra *Moreno* y *Rivadavia* argentinos, *Minas Gerais* y *Sao Paulo* brasileños y el chileno *Latorre*. Con esta «operación crucero» los yanquis se deshacían de buenos barcos que no necesitaban, y que prácticamente nivelaban las fuerzas en la nueva situación. En los años cincuenta estos grandes cruceros convencionales, aunque cada vez más vulnerables a las nuevas armas que estaban llegando a los arsenales navales –reactores, helicópteros, submarinos nucleares y misiles–, podían efectuar largas patrullas de protección de líneas del tráfico y tenían un armamento nada despreciable; por no hablar de su impresionante presencia en la bahía de Río de Janeiro, Río de la Plata o Valparaíso, cuando había que hacer una demostración de «estatus» naval.

Valga decir que a otros países les gustó tanto esta dinámica que en los años setenta adquirieron una serie de cruceros. Por ejemplo, Perú compró los cruceros holandeses *De Ruyter* y *De Zeven Provincien* (rebautizados almirantes *Grau* y *Aguirre* respectivamente), pudiendo así incorporarse al club. Para que no nos tiente esbozar una despectiva sonrisa, digamos que, a estas alturas, lo único similar que tenía la Marina española del inefable general Franco era el crucero *Canarias*, excelente pero netamente inferior a cualquiera de los citados. En otras palabras, que, durante unas décadas, la Armada estuvo a nivel inferior de cualquiera de estos tres países sudamericanos en sus buques mayores, hasta revertir la situación con la incorporación de portaaeronaves y las nuevas fragatas construidas en España.

Sin embargo, una ley no escrita y pocas veces respetada en Sudamérica es que si no quieres una Armada obsoleta cuando están en uso los buenos buques adquiridos hay que estar planeando aquellos que los sustituirán, y, a ser posible, construirlos en casa. De otro modo se está abocado a terminar con uno de los buques principales paralizado para canibalizar sus piezas y repuestos en el otro, y, agotado este, acudir de nuevo al mercado de saldos a ver qué se encuentra. Esta política, repetida hasta la extenuación, conduce a andar siempre a salto de mata con barcos viejos o de segunda mano más o menos gastados. Tras treinta años de notables servicios en la Armada argentina, el *Boise* y el *Phoenix* debieron de alcanzar una situación como esta. Recién comprados, cambiaron sus nombres por *9 de Julio* y *17 de Octubre*, respectivamente. Este último, en los años setenta, recibió finalmente el nombre de *General Belgrano*, con el que se haría famoso yéndose a la tumba, tras cuarenta y tres años de honorables servicios.

El crucero argentino *General Belgrano* era el antiguo crucero estadounidense clase «Brooklyn» *Phoenix*, de la que formaban parte otras ocho unidades veteranas de la Segunda Guerra Mundial, distribuidas algunas de ellas durante la posguerra entre los países sudamericanos para compensar el desguace de vetustos acorazados precedentes.

En el momento de romperse las hostilidades por las islas Malvinas el *General Belgrano*, aunque había recibido misiles antiaéreos de proximidad Seacat (británicos), debía de estar próximo a la retirada de las listas para pasar a la reserva. Era una unidad completamente obsoleta, y su presencia en la Armada habría debido restringirse exclusivamente a escenarios donde hubiera que desplegar un gran volumen artillero (bombardeos, desembarcos, etc.). Pero, como sabemos, el único buque principal de que disponía la ARA era el portaaviones *25 de Mayo*, y los escenarios que debían ocuparse antes de la llegada de los británicos eran dos: el norte y el sur de las Malvinas.

Así pues se determinó que la fuerza principal –buques de origen británico–, compuesta por el *25 de Mayo*, el destructor tipo 42 inglés D29

Santísima Trinidad y otros cuatro escoltas[1] ocuparía el escenario principal, al norte de las islas, mientras el C4 *General Belgrano*, con los destructores exestadounidenses *Hank* y *Borie* (rebautizados D26 *Bouchard* y D29 *Piedra Buena*), ocuparían la zona sur, pero por fuera de la zona de exclusión (ZET) de doscientas millas –coincidente con la ZEE–, en la que los británicos habían avisado que destruirían todo buque extraño que se encontraran. Esto desplazaba al *Belgrano* y sus dos escoltas casi a la misma latitud del cabo de Hornos, al sur del llamado banco Burdwood. Aguas abiertas y por las cuales podía llegar un peligro mortal indetectado sin que desde las bases aéreas pudiera prestarse una razonable protección antisubmarina.

Nada menos que ciento trece buques de guerra (dos portaaviones, ocho destructores, quince fragatas, ocho unidades de asalto anfibio y logístico, cuarenta y cinco mercantes y un largo etcétera) constituyeron la flota que, alistada en el increíble tiempo de setenta y dos horas y con la designación de Task Group 317.8, bajo el mando del exsubmarinista contralmirante Woodward, emprendió la larga travesía rumbo a las islas en disputa. Entre ellos había buques famosos como los transatlánticos *Queen Elizabeth II* de la Cunard, o el *Canberra* de la P&O, y otros desconocidos, mercantes reconvertidos a portaaeronaves como el *Argus* o el *Atlantic Conveyor*. Después de una travesía con los normales incidentes, a su debido tiempo –fin de mayo– llegaron a las proximidades del área de exclusión, que debían arrebatar a los buques de la ARA.

La respuesta del adversario fue decepcionante; cuando se disponía a atacar con sus aviones, resultó que el *25 de Mayo* carecía de la potencia de máquinas suficiente para que sus *Skyhawk* despegaran cargados con seis bombas de doscientos cincuenta kilos y repletos de esencia. Podían hacerlo, eso sí, desarmados y bajos de combustible, tal vez para saludar a la flota enemiga. Su catapulta de vapor no tenía, además, la potencia suficiente; la única solución era aproar el portaaviones a un viento de cuarenta nudos –temporal declarado– para lograr poner en el aire los *Skyhawk*. Pero, en el momento preciso, cayó el viento hasta encalmarse casi por completo y hubo que abortar el ataque y quitarse de en medio, cediendo el norte de las islas al enemigo.

---

[1] Fuerza de Tareas 40.3: destructores *Santísima Trinidad* y *Hércules*, corbetas *Drummond, Granville* y *Guerrico*; estas últimas son hoy patrulleros.

Aviones A4 *Skyhawk* pertenecientes a la Armada argentina (ARA), que habrían debido operar desde el portaaviones *25 de Mayo*; pero la absoluta inoperatividad de este buque, con máquinas y catapulta de vapor averiadas, hizo que se emplearan desde bases en el continente, logrando cobrarse varios buques británicos, entre ellos, las fragatas *Antelope* y *Ardent*, alcanzadas por sus bombas en audaces ataques rasantes.

Serían los británicos los que, conscientes de lo que estaba en juego, decidieron dar el golpe decisivo convirtiendo en tragedia lo que casi había empezado como un sainete. El submarino nuclear de ataque *Conqueror* –capitán Chris Wreford–, operando en la zona sur de las Malvinas, había localizado el 2 de mayo la agrupación del *Belgrano* navegando tranquilamente a trece nudos, sin que esta lo descubriera; los ingleses declararon posteriormente que los destructores iban a ambas amuras del crucero, con los sonares desactivados. Siempre se ha dicho que fue la premier británica la que dio la orden de disparo, a instancias del *first sea lord* almirante Fieldhouse; el *Conqueror* alcanzó posición de lanzamiento a mil cuatrocientos metros por la banda de babor del *Belgrano*, y le disparó tres torpedos de veintiuna pulgadas Mark 8. Posteriormente se escribiría que el crucero argentino fue hundido con un viejo torpedo de la Segunda Guerra Mundial; esto no es exacto, y merece una pequeña explicación.

La tecnología moderna produce en los arsenales numerosos trastornos, pues existen torpedos guiados por el sonido de las hélices, por el calor de las máquinas, filoguiados y otros muchos modelos, cada uno con sus peculiaridades. Todo esto es muy bonito sobre catálogo, pero lo que demuestra la experiencia es que en el momento de combate, los torpedos, máquinas precisas y muy sensibles, fallan. En período de guerra estos fallos han causado auténticos estragos en flotas como la alemana o la estadounidense. De forma que, aunque disponga de supertorpedos que vayan directos al calor de la pipa del capitán del buque atacado (filoguiados Tigerfish en el caso del *Conqueror*), a ningún veterano submarinista le gustará entrar en combate sin llevar a bordo media docena de «pescados» fiables, seguros y precisos, es decir, torpedos de toda la vida, que en la Royal Navy en 1982 era el Mark 8 de veintiuna pulgadas. Aunque el prototipo databa de 1927, cabe dudar de que los empleados contra el *Belgrano* fueran de dicha fecha.

Como es lógico, para tan señalada ocasión el prudente comandante Wreford decidió emplear torpedos bien conocidos. A pesar de su veteranía, el Mark 8 alcanza en carrera los cuarenta y cinco nudos con trescientos kilos de explosivo Torpex en la cabeza explosiva. A esta velocidad, recorrieron la distancia al crucero argentino en tan sólo un minuto, imposibilitándole reaccionar. El *General Belgrano* tenía una cintura protectora de 10,2 centímetros en la flotación, precisamente para resistir impactos de torpedo, pero no le sirvió de nada porque los del *Conqueror* venían regulados para pasar bajo la quilla y aparadura y explotar allí, donde no había protección alguna. Dos de ellos alcanzaron al inerme buque, uno bajo las máquinas, a proa de la chimenea popel, otro a proa, a las 16:01 exactamente el primer impacto y tres minutos después el segundo, por lo que debemos pensar que no se dispararon simultáneamente. Probablemente se lanzaron dos iniciales, y, al ver que sólo uno había impactado, a popa, se disparó otro un poco más a proa para que en ningún caso tuviera salvación.

Atrapado en el lugar en que no debería estar, el pobre viejo *Phoenix*, al mando del veterano y competente capitán Héctor Elías Bonzo, sufrió un impacto en las máquinas y otro a proa, aguantando tanto como pudo –unos cincuenta y seis minutos– en irse a pique para que todos los que pudieran se pusieran a salvo. Inicialmente, conmocionados por las explosiones, hubo desconcierto y alboroto entre los hombres; luego, el entrenamiento y la firmeza de los mandos permitieron recuperar la serenidad. Bonzo había pedido un informe de daños, y a los veinticinco minutos ya sabía que el *General Belgrano*, escorando ostensiblemente a babor, estaba herido de muerte. Ordenó colocar la artillería apuntando al lado contrario para compensar en lo posible, y al primer oficial, capitán de fragata Pedro Galazi, organizar el abandono del buque, una evacuación que se prometía incierta porque el viento y la mar empeoraban ostensiblemente, y, en estas latitudes, no suelen ser compasivos.

Como sucedió con otros muchos de sus «primos» y «hermanos» durante la guerra, tras el impacto de torpedo la alterosa proa del crucero se partió y quedó colgando ante la torre de artillería número uno (de hecho, en la batalla de Tassafaronga el también crucero estadounidense *New Orleans*, tras ser torpedeado, vio treinta y seis metros de su proa pasar por su costado limpiamente amputados, como ya se dijo en otro capítulo). Desde una balsa salvavidas del Belgrano, un anónimo tripulante hizo las fotos que publicara, en su día, la revista *Interviú*, mostrando el buque de guerra escorado a babor y rodeado de las caperuzas naranjas de sus propias lanchas. No se aprecia humo ni explosiones; el crucero parece hundirse poco a poco, no sin cierta elegancia; incluso en la serie de fotos se nota el rolido a babor, y en una se distingue al comandante Bonzo y un cabo abandonando el barco los últimos desde la proa. Por fin, el gran casco zozobra y se va a pique. Todo ha terminado, y de los dos escoltas que podrían haber rescatado a los casi mil cien supervivientes, ni rastro; al parecer, salieron huyendo, temiendo ser ellos mismos también torpedeados. Esto obligaría a tener que esperar largas horas a los buques de rescate.

En lo que concierne a la batalla, retirado el *25 de Mayo*, y hundido el *Belgrano*, el gobierno argentino decidió, ¡a buenas horas!, retirar todos sus barcos del área de conflicto, con lo que cedía, total y cómodamente, el dominio del mar a los británicos. Pero no el del aire. De allí provendría la venganza: tan sólo dos días después, el destructor inglés *Sheffield* fue alcanzado y hundido. En todo el conflicto, y al oneroso precio de setenta y cinco aviones y veintiséis helicópteros perdidos, el arma aérea de la ARA, con aviones *Skyhawk* y *Super Etendard* dotados de bombas y misiles Exocet hundieron también el destructor *Coventry*, las fragatas *Antelope* y *Ardent,* el buque de desembarco *Sir Galahad* y el portacontenedores

Atlantic Conveyor. Incluso se sospecha que el portaaeronaves *Invicible* fue alcanzado y averiado, ocultándolo los británicos; que, en cualquier caso, no puede decirse que se fueran de vacío.

PRESENCIA COSTOSA E INNECESARIA

La presencia de dos buques obsoletos y casi completamente inoperativos como eran el *25 de Mayo* y el *General Belgrano* –con marineros de reemplazo a bordo– en las inmediaciones del conflicto no tiene explicación razonable alguna. Si se pretendía ocupar el espacio marítimo era necesario disponer de buques apropiados para ello, y, si no, protegerlos adecuadamente de posibles ataques de aviones y submarinos. Exponerlos, como se hizo, a ambos peligros, no podía terminar sino como lo hizo, es decir, con muchas muertes sin contraprestación ni utilidad alguna.

El hundimiento del crucero permitió a los británicos poner las cosas en su sitio, demostrar la inoperatividad de la Armada adversaria –con las lógicas consecuencias en su «mercado interno»– y expulsar de los mares y costas de las islas en litigio a sus enemigos. El puñado de invasores quedó así aislado en las inhóspitas y frías islas, sin apenas provisiones ni suministros, y esperando que los terribles *gurkhas* fueran a por ellos; y la Royal Navy pudo penetrar dentro de la zona de exclusión para operar con sus aparatos de aterrizaje y despegue vertical.

Creer que los estadounidenses, que verían con sus satélites tanto al portaaviones como al crucero, respetarían la neutralidad no informando de ello a los británicos, era como confiar en que los Reyes no sean los padres. Probablemente, se eligió entre ambos blancos: al fin y al cabo, el portaaviones estaba inoperativo, se retiraba, no podría volver al combate en aquellas condiciones, y destruirlo habría producido un terrible número de víctimas.[2] El crucero era un blanco más limpio y fácil, y el efecto sería el mismo: echar a los argentinos de aquellas aguas. Así que el 25 de mayo pudo continuar con su lógico «ciclo», y en 1988 ya estaba retirado del servicio y siendo canibalizado para mantener el portaaviones brasileño *Minas Gerais* en funcionamiento. Mediante un acuerdo, los pilotos argentinos han venido calificándose de este modo en despegues y

[2] En efecto, hoy sabemos que el *Spartan* lo tenía localizado al NE de las Malvinas, pero lo perdió al poco tiempo. Woodward se quedó sin elección.

apontajes navales, y actualmente prosiguen a bordo del *São Paulo*, otro portaaviones en plena senectud que la Armada brasileña mantiene en servicio. El «heroico» *25 de Mayo*, que ni siquiera pudo estar cuando hizo falta, acabaría sus días en el año 2000, desguazado en una playa india.

Capítulo 11
Un infierno de llamas y horror
Siniestro del ferri *Doña Paz*, mar de Sibuyán, diciembre de 1987

REMOTO ESCENARIO DE ACCIDENTES CATASTRÓFICOS

Las tragedias y calamidades en islas lejanas como las Filipinas tienen tan habituados y abotargados nuestros sentidos que es como si no sucedieran. Un cruel manto de insensibilidad parece caer sobre cada accidente en aquellas remotas aguas descubiertas en el siglo XVI por don Miguel López de Legazpi y que hasta 1898 (durante más de trescientos años) fueron españolas. La impronta de nuestros antepasados sigue allí latente, tal vez no tanto en el idioma –el colonialismo estadounidense ha impuesto el inglés– como en cultura, costumbres, devoción y también nombres, pues la gran mayoría de los filipinos tienen nombre o apellidos españoles. Sin embargo, cuando los noticiarios traen una nueva catástrofe a sus portadas, la precipitada conclusión es que seguramente se trataría de otro sobrecargado ferri filipino que ha volcado, y la abrumadora cantidad de víctimas nos resulta tan inasumible que preferimos pasar sobre ella inconscientemente, como si nunca hubiera sucedido. No hay remedio para la tragedia; no hay enmienda para una crónica de desastres navales, la de los ferris filipinos, que cada cuatro años se repite puntual, luctuosa, como

La bahía Romblón en el mar de Sibuyán puede dar una idea paradisiaca o de relajo vacacional; pero las aguas que bañan las islas Filipinas, con fuertes mareas, inestables condiciones meteorológicas, obstáculos por doquier y tráfico marítimo indiscriminado, son de las más peligrosas para la navegación en el mundo.

una condena impuesta por el dios de las aguas a uno de los países isleños más bellos del orbe.

Durante el último cuarto de siglo, ocho ferris han sucumbido en graves accidentes en las Filipinas, produciendo un lamentable saldo próximo a las seis mil víctimas. Sin embargo, ninguno tan escalofriante, brutal y bárbaro como el sufrido por el veterano ferri *Doña Paz* en el mar de Sibuyán la noche del 20 de diciembre de 1987. Una serie de imprudencias, dejaciones y negligencias confluyeron aquella trágica jornada para producir posiblemente el escenario más horroroso, verdadera pesadilla alucinante, que ha habido nunca sobre la mar en tiempo de paz, un holocausto terrorífico en el que la mala fortuna inmoló de forma trágica e injustificada las vidas de más de cuatro mil personas. Los escasísimos supervivientes, que llevaban nombres como Paquito Osabel, Sebastián Cañezal, o la hija de este último, Corazón Cañezal, de tan sólo once años, vivieron escenas capaces de dejar paralizado de por vida, o sin pelo en la cabeza, a cualquier mortal por cuyas venas circule la sangre, y pudieron contarlo a pesar de todo: modesto triunfo de la supervivencia frente al más inicuo, perverso y aniquilador aquelarre de la muerte concebido jamás sobre las olas para deleite del maligno en persona.

En efecto, si siniestros navales como el del *Hood* nos dejan estremecidos, el del *Doña Paz*, lejos de la típica insensibilidad, debe horrorizarnos hasta los tuétanos, tan sólo pensando que pueda hacerse realidad algo así. Pero, por encima de todo, catástrofes de este género han de significar una contundente lección para que no vuelvan a repetirse, y, sobre todo, para que los marinos jamás perdamos por nuestros barcos, ni por nuestro maravilloso trabajo, el mismo respeto –o más– que antiguamente se le tenía al implacable Dios que habitaba entre las páginas del Antiguo Testamento.

HORRIBLE COMO UNA PESADILLA

La naviera Sulpicio Lines mantiene actualmente en servicio, en las islas Filipinas, once del aproximadamente centenar de buques Ro-Ro y ferri que transitan las aguas de aquel país, incansables, día y noche, para unir los diversos puntos insulares. Estos once «Princesas» pueden ser del universo, el paraíso, el Pacífico o el Caribe, pasando por las más modestas denominaciones que evocan alguna isla o localidad como Cebu, Palawan, Iloilo, Tacloban o Dipolog. Ninguno se llama «princesa del infierno», aun cuando cuatro de ellos –*Doña Paz, Doña Marilyn, Princesa de Oriente* y *Princesa de las Estrellas*– se hayan convertido en algo parecido, o una auténtica trampa mortal, para aquellos que se atrevieron a subir a bordo. Así, esta naviera ostenta el nefasto récord de ser la compañía actual que más victimas ha producido por accidente naval, lo cual no parece que afecte a su flota ni su prosperidad. Y es que en un mundo insular como el filipino, donde cualquier camino acaba al borde del agua, las ciudades más grandes tienen puerto o son ribereñas, y desde cualquier ínsula puede avistarse no sólo el perfil de la más próxima, sino muchas otras similares (en Filipinas hay siete mil cien islas, ochocientas ochenta de ellas

El ferri filipino *Doña Paz* de la Sulpicio Lines no era otro que el exjaponés *Himeyuri Maru*. Respondía a líneas conceptuales de su época, aunque mostraría una notable nobleza y robustez soportando el uso abusivo al que fue destinado hasta el 20 de diciembre de 1987, cuando sufrió un espeluznante accidente en el mar de Sibuyán con más de cuatro mil víctimas.

habitadas por unos cincuenta millones de personas), un ferry es un barco tan valioso que resulta inevitable acabar haciendo la vista gorda sobre su edad, equipamiento o capacitación profesional de quienes los manejan, pues el servicio, conseguir unir una orilla con la otra, es lo fundamental. Probablemente si, cuando sucedió el accidente del *Doña Paz*, a alguna autoridad se le hubiera ocurrido paralizar los buques para una revisión periódica, o citar a la tripulación para actualizar sus permisos, el jefe del negociado correspondiente habría sido inmediatamente destituido, y las oficinas asaltadas y arrasadas por la multitud, de no haber algún paisano perpetrado la barbaridad de tomar por la fuerza el ferri para manejarlo por sí mismo. Lo que hubiera pasado en tal caso mejor ni imaginarlo, sobre todo sabiendo lo que sucedió aceptando el mal menor, a saber, una relajación absoluta tanto en el control de embarque como en la situación técnica del ferri o la capacitación de su gente. Lo más espantoso es que las mismas masas que fuerzan a utilizar los ferris casi de cualquier manera son luego las que ponen todas las víctimas, en una especie de vértigo suicida verdaderamente demencial.

Cuando un ferri llega, pues, a las islas Filipinas, puede tener la seguridad de que lo hace para trabajar a conciencia, y en condiciones siempre muy por debajo de las ideales o recomendadas por el fabricante. De este hecho debería derivar que quien va a explotar el buque, conocedor las «peculiaridades» del transporte marítimo en el archipiélago, con responsabilidad adquiera unidades nuevas, muy robustas y que puedan funcionar prácticamente en cualquier condición con mínimos riesgos. Probablemente, a ello se ha ido evolucionando con el tiempo, pero, en 1975, cuando se adquirió el *Doña Paz*, las penurias económicas debían de ser tales que Sulpicio, con tal de disponer de un ferri que navegara, ya se daba con un canto en los dientes. La prioridad máxima, absoluta, perentoria e ineludible era que el barco trabajara a diario, día y noche, a destajo, poco controlado por una legislación todavía escasamente evolucionada en cuanto a seguridad e inspección de buques para el transporte de pasajeros. Filipinas apenas dispone de infraestructura naval ni astilleros –aunque sí de buenos marinos–, por lo que las compañías de transporte marítimo se verían obligadas a adquirirlos en el extranjero. Buques ya usados, veteranos, con muchas millas en las cuadernas, y sin unas gradas próximas para efectuar pequeñas reparaciones o grandes revisiones u *overhauls*, que siempre se dejarían para el mes siguiente. Tenemos así una mezcla de peligrosísimos ingredientes, a saber, barcos viejos transportando multitudes siempre sobrecargados y apenas parcheados de mala manera con medios de a bordo para seguir funcionando, a los que añadir tripulaciones mal pagadas, desbordadas por las aglomeraciones y conscientes de estar poco controladas por la administración. Con la guinda de la peor mala suerte del mundo, la explicación de este siniestro resulta, por desgracia, mucho más sencilla.

El buque ferri *Himeyuri Maru* fue construido en los astilleros japoneses Onomichi Zosen en 1963. No tenía mal aspecto, con cierto lejano parecido a nuestro *Virgen de África* que cubría el servicio del Estrecho y tonelaje también similar, 2.324 toneladas brutas de registro y algo más de noventa metros de eslora. Estaba construido en acero, con una pequeña bodega a proa, airoso puente de mando, superestructura de pasajeros, e instalaciones de embarque de vehículos a popa. Con doce años en servicio fue vendido a Sulpicio, que tan orgullosa estaba de él que hasta le puso su propio nombre, *Don Sulpicio*, de lo que se arrepintió poco después, al parecer a causa de un grave incendio, o tal vez porque la compañía ya tenía más barcos. Se le rebautizó entonces *Doña Paz*, y continuó, durante los siguientes doce años, cargando con su dura tarea como el que más.

En 1987 debía de estar necesitado de un merecido retiro, pero la compañía lo mantenía en servicio en las rutas Manila-Tacloban-Catbalogan-Manila-Catbalogan-Tacloban-Manila, que efectuaba dos veces por semana, sin que dispongamos de informe técnico sobre el buque ni inventario de las «chapucillas» que debían de contarse por decenas a bordo. Sí sabemos, sin embargo, que la radio no funcionaba correctamente, y la Estación ferri de Tacloban no tuvo empacho alguno en vender hasta ¡cuatro veces! la misma litera, admitiéndose además pasajeros sin litera alguna. El barco, de origen, estaba diseñado para transportar confortablemente menos de setecientas personas, pero al llegar a Filipinas, las necesidades antedichas obligaron a aumentar «oficialmente» este número hasta los 1.518 pasajeros. No obstante, hay constancia de que aquella malhadada tarde del 19 de diciembre de 1987 embarcaron en el sobrecargado ferri nada menos que 4.317 pasajeros, lo que, prácticamente, sextuplicaba su capacidad de diseño, y triplicaba la oficial, que de ninguna manera debería haber sido rebasada. Los responsables de Tacloban y la compañía excedieron con mucho los límites de la más suicida temeridad, o bien, en otras palabras, se pasaron varios pueblos jugando con la vida de miles de personas. Normalmente, un barco con su carga de diseño sextuplicada puede zozobrar por pérdida de estabilidad nada más separarse del muelle, al ver anulado su par adrizante, y, por lo tanto, perder la estabilidad. Ningún profesional con el mínimo conocimiento podrá ponerle peros por ello. En nuestro caso, la bondad de construcción y diseño del pobre *Himeyuri* hablan por sí sola, y me temo que, bien comprobada por su tripulación, venían reiterando estas negligencias criminales una y otra vez, pues, como diría el castizo, «no pasa nada». En efecto, nada habría pasado y el magnífico *Doña Paz*, increíblemente, habría culminado con bien su viaje navideño, de no haberse interpuesto en su camino el imprevisto que resultaría letal. Sin sospecharlo siquiera, el atestadísimo ferri partió del puerto de Tacloban a las 06:30 de la mañana del 20 de diciembre, con las cubiertas, pasillos, distribuidores y prácticamente cualquier mínimo espacio ocupado. El pasajero que no hubiera satisfecho el viejo proverbio de «antes de ir a la mar hay que ir a mear», se vería obligado a utilizar la borda, pues los servicios debían de cotizarse como habitaciones de lujo. Sin embargo, curiosamente, en el bar aún debía de quedar sitio, pues, como veremos, fue el lugar de reunión de la tripulación. Por supuesto, lo que más nos conmueve, entre la masa de pasajeros viajaban centenares de familias para pasar la navidad en la capital, con numerosos niños, ancianos y mujeres.

La travesía que se disponía a emprender el veterano y sobrecargado ferri era interinsular, unas aguas teóricamente protegidas en el mismo centro de Filipinas y conocidas con el nombre de mar de Sibuyán, limitado al norte por Luzón, al este por Samar y Leyte, al oeste por Mindoro y al sur por Panay, con numerosas islas en su seno, cuya bondad teórica ha dado a algunos graves disgustos posteriormente –léase el naufragio del *Princess of Stars*, también de Sulpicio, en 2008–. Sobre estas aguas confinadas, y con mucho y peligroso tráfico (especialmente de noche) el *Doña Paz* tenía que realizar una travesía de trescientas cincuenta millas, esperando llegar a Manila la madrugada siguiente. Se trataba, pues, de unas veinticuatro horas de viaje, a unos catorce nudos de velocidad comercial. El ferri barajó, durante la amanecida, la costa septentrional de Leyte, llegando de día al mar de Sibuyán, cuya travesía iniciaba a plena luz, de forma que los agobiados pasajeros al menos pudieron gozar de unas magníficas vistas sin sospechar que serían las últimas. Anochecía ya cuando el ferri se dispuso a embocar el amplio estrecho entre Mindoro y Marinduque, del que no saldrían jamás.

Porque, hora y media después de la salida del *Doña Paz* de Tacloban, había zarpado de Limay, en Bataan –bahía de Manila– con rumbo a Masbate, el pequeño petrolero de seiscientas treinta y nueve toneladas *Vector*, cargado con ocho mil ochocientos barriles de gasolina y productos petrolíferos, y sólo once tripulantes. Este barco era más un repartidor que un petrolero propiamente dicho, fletado por la empresa Caltex, y tomó exactamente la derrota opuesta que había de seguir el *Doña Paz*. Posteriormente se criticó a las tripulaciones de ambos barcos por haber «recortado la ruta» para llegar antes a destino pasando entre Mindoro y Marinduque, pero lo cierto es que no se habla de ninguna prohibición al respecto, y, en el caso del *Doña Paz*, llevar a cabo la travesía más corta era perfectamente ortodoxo mientras fuera segura. Tampoco hay constancia de ninguna prohibición en la zona para buques cargados con mercancías peligrosas como era el *Vector*. Para ambos regía, pues, la regla catorce del Reglamento Internacional para Prevenir Abordajes, que prescribe babor con babor, es decir, dos buques que se encuentran de vuelta encontrada han de dejar el uno al otro por el mencionado costado, visible en la noche por una luz roja en cada uno de ellos salvo en el sector de popa, donde posiciona la luz de alcance, no visible en este caso.

¿Qué demonios pudo suceder entonces? Nadie lo sabe ni ha sido capaz de explicarlo hasta hoy. A la hora de buscar responsabilidades, se hizo notar que, en el puente del *Doña Paz,* sólo había un oficial en prácticas al cargo, posiblemente un muchacho, puesto que el capitán y oficiales estaban en el bar celebrando las cercanas navidades. Por lo que respecta a la tripulación del *Vector*, lo único que se averiguó es que su tripulación no tenía los permisos al día. El caso es que, a la altura de Dumali Point, ambos barcos, con una mala suerte proverbial, colisionaron de proa catastróficamente poco después de las diez de la noche, auténtica hora de apertura de las puertas del infierno. El petrolero, una bomba flotante, deflagró estruendoso en una bola de fuego que, según testigos, tenía la altura de un edificio de diez pisos. Toda la zona de proa, posiblemente incluido el puente de mando del *Doña Paz*, debió de quedar envuelto en aquella fragua candente dejando a su paso sólo cadáveres calcinados, de forma similar al accidente del tarraconense camping de Los Alfaques, por estas o parecidas fechas. Supervivientes del combés y la popa del ferri contaron que las luces se apagaron, y, a partir de la colisión, pareció como si los tripulantes, a efectos prácticos, se hubieran esfumado. Los armarios donde estaban almacenados los chalecos salvavidas estaban cerrados con candados –seguramente para evitar su robo– y nadie se acordó de abrirlos. Las llamas parecían avanzar hacia popa al ir extendiéndose la gasolina y abarloarse más íntimamente ambos barcos siniestrados tras el choque, de tal forma que, a bordo del *Doña Paz,* entre la muchedumbre estalló el pánico. Hubo escenas de personas agredidas y aplastadas estremecedoras, perdiendo muchos la vida de esta manera; al resto no les esperaba nada mejor, pues, sin saber qué rumbo tomar, se arrojaron los que pudieron por la borda al mar de Sibuyán, unas aguas en llamas donde flotaban cientos de cadáveres quemados que empezaron a atraer los tiburones.

No se mandó mensaje alguno de socorro, pero un ferri que navegaba por las inmediaciones, a trece millas de distancia, el *Amelia,* vio la bola de fuego y tomó la atinada decisión de acercarse. Las escenas que tuvieron que contemplar quedarían para siempre prendidas en las retinas de los tripulantes y pasajeros de este buque. En medio de un gigantesco horno crepitante, al *Vector* y al *Doña Paz* se les soldaban las cubiertas, al

Por si no hubiera bastantes horrores con el abordaje entre el ferri *Doña Paz* y el pequeño transporte de combustible *Vector*, con el pánico desatado en el interior del sobrecargado transbordador y el tremendo incendio, al que tratara de escapar saltando al agua le esperaba el terrible peligro de los tiburones; los escualos abundan en el mar de Sibuyán, cebándose con los cientos de cadáveres.

rojo, de arriba abajo a cada uno y entre sí, rodeados de un mar de llamas, que, en sus oscuros anillos exteriores, donde las negras aguas aún no ardían, estaba iluminado como por pequeños farolillos; dichos faroles eran las cabezas de cadáveres en llamas. La visión espectral no habría podido ser ni imaginada por un guionista de televisión o de películas de terror, a los que la realidad suele superar siempre holgadamente.

Mientras, en el agua, los tiburones carroñeros atacaban cebándose en los pobres náufragos. Después de Australia y los Estados Unidos, el océano Pacífico es el lugar del mundo más peligroso para el ataque de los tiburones, y, dentro del mismo, las Filipinas ocupan el quinto lugar, después de las islas Salomón, donde se dieron casos espeluznantes de ataques sobre náufragos durante la Segunda Guerra Mundial. En Filipinas encuentran su hábitat carcarínidos de mares templados y tropicales como el tiburón zorro, el tiburón martillo, y, sobre todo, el tiburón tigre (*Galeocerda cuvieri*), especies muy peligrosas para el hombre, especialmente cuando un grupo entra en frenesí por competencia salvaje por el alimento, atacándose entre ellos y causando gravísimas heridas a sus víctimas. Los ruidos del naufragio y el gran número de personas heridas en el agua eran el reclamo perfecto para este cruel y desordenado frenesí.

En medio de este piélago de incendio, ruina, muerte, ataques traicioneros de depredadores y destrucción, fue casi milagroso que el *Amelia* consiguiera rescatar con vida veinticuatro supervivientes del *Doña Paz* y dos del *Vector*, la mayoría con quemaduras horrorosas. Cediendo al fin a los esfuerzos de la vida y la colisión, pero no sin antes aguantar casi dos horas a flote, el excelente *Himeyuri* se desprendió del abrazo mortal y candente de su verdugo para hundirse hacia la medianoche. Por su parte, el petrolero, tan sólo una brasa ardiente a aquellas alturas, estuvo a flote hasta las dos de la madrugada. Parece ser que no llegaron noticias del desastre a Manila hasta las seis de la madrugada; los medios de rescate y salvamento llegaron dieciséis horas más tarde, cuando ya eran inútiles y ambos desventurados protagonistas de la tragedia hacía tiempo que descansaban, aliviando sus chamuscadas heridas, en el fondo del mar de Sibuyán. Lo único que pudieron localizar fueron grandes cantidades de cadáveres (doscientos setenta y cinco) en la costa oriental de Mindoro.

DEMASIADAS ASIGNATURAS PENDIENTES

La comisión de investigación encontró graves negligencias de la autoridad marítima al permitir la sobrecarga del buque hasta tales extremos. Sólo desde la situación política, económica y demográfica de la República Filipina a finales de los ochenta se puede juzgar con ciertos visos de ecuanimidad este siniestro de un barco de pasajeros verdaderamente asombroso y de consecuencias estremecedoras; de otro modo, concluiríamos que tanto la administración del país, como la de la propia empresa, sin olvidar al capitán y la tripulación, habrían merecido la más absoluta reprobación, procesamiento y condena por responsabilidades criminales y conducta gravemente temeraria con resultado de muerte: millares de muertos.

Resulta verdaderamente inconcebible que la auténtica muchedumbre que abordó el *Doña Paz* aquellas navidades de 1987 fuera el primer eslabón de una cadena que pondría en evidencia las graves carencias de las inspecciones navales en el archipiélago –si es que existían–, los garrafales errores y dejaciones de una naviera que embarcaba prácticamente a todo el que cabía a bordo sin preocuparse en absoluto por el estado en que se encontraba el buque, sus instalaciones sanitarias, medios de contraincendio, emergencia o salvamento, y que la tripulación, encabezada por el capitán, lejos de hallarse preocupados por semejante estado de cosas en el trayecto marítimo que iban a realizar sobre una ruta regularmente transitada, dejaran sólo en el puente a poco menos que un becario en medio de la oscuridad mientras ellos se iban a celebrar las fiestas al bar. Todo, en suma, es un aberrante desbarajuste, un marasmo suicida carente del menor atisbo de sentido profesional o buena práctica marinera e incluso administrativa; al fin y al cabo, los funcionarios institucionales y los administrativos de la empresa no iban a bordo, pero ¿cómo explicar que la propia tripulación jugara a esta demencial ruleta rusa corriendo ellos mismos el riesgo?

Siniestros como el del *Doña Paz* no abundan, por fortuna, pues representan el verdadero extremo de todo aquello que, a bordo de un barco, jamás se debe hacer. Parece que el mejor de todos aquella trágica noche fue el infortunado *Himeyuri*, que aguantó más de lo que cabía esperar de él permitiendo ponerse a salvo a los escasos supervivientes que pudieron conseguirlo. Tal vez se debió, más que a su construcción, a la forma en que embistió al buque gasolinero, que desapareció posteriormente de aquel mar de llamas. Poco más se puede añadir a tan escalofriante siniestro, salvo que, como suele suceder, las autoridades al fin se llamaron a andana, de forma que, a pesar del accidente del *Princess of Stars*, cada vez es menor el número de víctimas a bordo de los ferris filipinos, que no han dejado de tener accidentes desde entonces. Eso significa que las restricciones y controles aún deberían mejorar para producir el resultado esperado.

Capítulo 12
Trampa mortal en un mar helado
Tragedia del ferri *Estonia*, mar Báltico, septiembre de 1994

UN ELEMENTO FUNDAMENTAL

Cuando un avión se accidenta con el triste rosario de víctimas posterior, junto con la inevitable búsqueda de las cajas negras –en realidad son rojas o anaranjadas– se suele decir que habrá más de una causa del accidente, pues una sola no habría sido suficiente. Este argumento es particularmente exacto en el siniestro del *Estonia*, que se hundió una desapacible madrugada otoñal en un mar Báltico para cuyas aguas, a diez grados centígrados de temperatura, no sirven los criterios normalmente aceptados en cualquier otro escenario marítimo. Se trata de aguas confinadas, someras, en las que el «efecto cizalla» del viento es capaz de levantar difíciles marejadas, cortas y de olas verticales, en un plazo de tiempo sorprendentemente breve. Los impactos que esas olas verticales producen sobre los barcos que intentan navegarlas pueden ser parecidos a los que recibe un púgil sonado con efecto acumulativo, acabando por dar con él en la lona completamente KO.

Para afrontar las olas, desde tiempos inmemoriales en los que seres humanos se aventuraban sobre las aguas sobre cestas alquitranadas o juncos bien amarrados, un arcaico e ingenioso carpintero de ribera anónimo decidió dotar a su embarcación de una parte en punta bien afilada, dura, y prácticamente irrompible, a la que llamó «proa»; con el tiempo, esta pieza se descompuso en otras como la roda, tajamar, amuras, pie de quilla, etc., pero su función permaneció inalterable: acometer las olas. Tan dura salió la pieza que, en el oficio, cuando no queda más remedio que arremeter contra otro buque, muelle o pantalán, se procura hacerlo de proa, para mayor seguridad propia y desgracia ajena. A los noruegos les gustó tanto el invento que hacían la popa igual que la proa, siendo sus barcos fácilmente reconocibles en todos sitios al ser igual por delante que por atrás, tener proa de popa o popa de proa, o bien la «popa noruega», denominación segura para no liarse. Los catamaranes también lucen dos hermosas proas –una por casco– y los trimaranes, acaparadores de proas, no se conforman con menos de tres. Pero llegó el siglo XX que tantas cosas revolucionaría, entre otras el perverso arte de la guerra, afectando al mundo de las proas notablemente, pues entraron en él con espolón y salieron con bulbo, parecidos apéndices para muy diferentes funciones. En lo que nos atañe, los barcos de las flotas anfibias, es decir, aquellos obligados a desembarcar personal o vehículos en la playa con un aceptable nivel de seguridad para que los masacre cómodamente el enemigo. Se barajaron multitud de soluciones a estos fines, desde las llamadas proas de compuerta abatible, de almeja, rampas de cuernos o pasarelas laterales. Esta versátil tramoya se transfirió íntegramente, en la posguerra, al utilísimo, versátil y muy rentable mundo de los ferris, olvidando, en la mayor parte de los casos, la cualidad más importante que ha de tener la proa: solidez.

De forma simplista podemos asegurar que el *Estonia* se fue a pique porque la suya no cumplió con este requisito fundamental. Sin embargo, no sería correcto decir que estaba mal diseñada o construida. Si la proa de este ferri se hubiera mantenido bien supervisada y utilizada correctamente, a pesar de no ser una proa muy robusta (cualidad que se había sacrificado para servir a otra: la practicidad), el *Estonia* podía haber sobrevivido. De hecho, puede que si los mandos del barco hubieran visto lo que estaba pasando, la tragedia se hubiera evitado; pero desde donde estaban, en lo alto del puente de mando –retranqueado hacia atrás por motivos estéticos–, la proa de compuerta no se veía. En realidad, aunque hubiera podido verse, la proa abatible en aquel momento tenía escaso apego por el buque al que pertenecía; golpeando a alta velocidad (dieciséis nudos) contra la mar, esta pieza, construida en diferente astillero que el propio *Estonia*, y sujeta sólo por unas bisagras y un cerrojo los cuales, tras catorce años de uso intensivo, no admitían otro trato que los martillazos, estaba en aquel momento al borde de presentar la dimisión. Incluso si el *Estonia* hubiera sido propiedad de una naviera no obsesionada comercialmente con la puntualidad, puede que su capitán estonio, asesorado por su «tripulación B» sueca, hubiera reducido sustancialmente la velocidad para evitar los tremendos golpes contra ella. Pero aquella noche todo pareció confabularse contra el *Estonia*; incluso los propios pasajeros, hartos del mal tiempo y contrariados por el final del espectáculo, se fueron a dormir a sus camarotes, ubicados muchos de ellos (categoría económica) bajo el garaje, de donde no podrían salir jamás. Porque lo cierto era que, en aquel momento, el barco en el que iban corría más peligros ciertos de los que otro buque cualquiera hubiera tenido que aceptar.

TRÁGICO FIN DE FIESTA

Un ferri viene a ser la materialización náutica del concepto de camino, puente o carretera. Para construirlo, los ingenieros navales toman el relevo de sus colegas de caminos estableciendo la continuidad de una vía que espera, a veces durante décadas, la construcción del correspondiente puente o túnel. En efecto, mucho antes de que se construyera el Golden Gate o el puente de Verrazano, los ferris, sufridos ferris, surcaban con vehículos en su interior la bahía de San Francisco o los Narrows de Nueva York desde Brooklyn a Staten Island. Concebidos pues para operar en aguas poco bulliciosas o altaneras, las formas de los ferris fueron empujando desde dentro para ganar espacio y cediendo fuera, haciendo de menos a las aguas, lo que siempre ha sido un craso error, pues el líquido donde se flota sólo funcionará bien si se consigue que jamás pueda acceder al gran espacio abierto interior que es el garaje sin compartimentar, punto vulnerable inmenso y decisivo que por simples vasos comunicantes puede quedar lleno en un abrir y cerrar de ojos, remitiendo al ferri afectado al fondo del mar donde su forma paralelepípeda puede ejercer como bello y enigmático ecosistema piscícola para atracción de los buceadores.

Los ferris que han ejecutado tan trágica e inesperada pirueta no han sido pocos, y, lejos de lo que suele creerse, los pioneros no pertenecían al Tercer Mundo –donde luego hubo casos sonados–, sino al Primero. La causa es siempre la misma, es decir, un fallo en las puertas abatibles de proa o popa que dan acceso al garaje, permitiendo así la irrupción de agua incontrolada que acaba por echar a pique el barco. En la memoria de todos está el absurdo y desgraciado accidente del *Herald of Free Enterprise*, que inadvertidamente quiso zarpar con las puertas abiertas, terminando su carrera volcado en la bocana de un puerto con un saldo trágico de casi novecientos muertos. Al principio, los ferris sólo tenían acceso rodado por la popa, manteniendo la ancestral, valerosa y sólida proa inmutable, precaución que no pudo librarles de accidentes como el antevisto del *Doña Paz*. Pero luego las navieras se dieron cuenta de que el ciclo operativo se reducía significativamente poniendo puertas a proa y popa de acceso a los garajes, dando así oportunidad al dios Neptuno no sólo de tentarles por la popa, sino también de atacarlos cara a cara, de frente, allí donde ahora eran frágiles también. Aunque en el mundo hay en la actualidad cuatro mil quinientos buques tipo ferri (cien de ellos filipinos y veintiocho españoles), no todos se limitan a circular por aguas tranquilas. Los españoles en particular transitan uno de los lugares estadísticamente más ventosos del mundo, el estrecho de Gibraltar, además de afrontar travesías de media altura a las Baleares o de altura a las Canarias, por lo que, con buen sentido, casi todos mantienen sus honestas proas íntegras y virginales, y aunque alguno como el *Ciudad de Sevilla* o el *Bahía de Málaga* han tropezado con bajos al entrar en puerto, jamás han sufrido accidentes graves. Crucemos los dedos.

Otro concepto más mundano, sin embargo, debieron de manejar los diseñadores del *Viking Sally* (primer nombre del *Estonia*) cuando lo concibieron a finales de los años setenta, con dos grandes portones popeles que cerraban sus propias rampas, y una proa alzable proel, también conocida como «de visera». Esta proa se alzaba dejando caer una rampa al muelle, pesando el mecanismo completo sesenta y ocho toneladas, cifra bastante respetable desde el punto de vista gravitatorio, pero que no debió de impresionar al dios Neptuno pues, llegado el momento, podríamos decir que se lo quitó de en medio sin demasiado esfuerzo. Por lo demás, el *Viking Sally*, de respetable tamaño (quince mil seiscientas toneladas brutas de registro), medía ciento cincuenta y cinco metros de eslora, calaba 5,6 metros y de la parte propulsora se ocupaban cuatro motores de cuatro mil cuatrocientos kilovatios cada uno capaces de hacerle alcanzar veintiún nudos.

Pero si el *Estonia* soñó alguna vez con un bien merecido desguace al final de su carrera, más le habría valido una proa sólida y de una pieza

El transbordador *Estonia*, ex *Viking Sally* y *Wasa King* cubría la línea de Tallin a Estocolmo, a través del mar Báltico, cuando zozobró a causa de la pérdida de su portón de proa, cobrándose el accidente ochocientos cincuenta muertos. Puede apreciarse que, desde el puente de mando, no se llega a ver la mencionada puerta abatible o «visera» de proa, por lo que el personal tenía que inspeccionarla desde el interior.

como la de los ferris más antiguos, sobre todo si se había pensado desafiar con él al cronómetro en lugares confinados pero de complicada, ardua y a veces por completo hostil meteorología como el mar Báltico, el golfo de Botnia y el golfo de Finlandia. Dicho de otra manera, aventurarse en estos inhóspitos lugares con una proa de quita y pon estandarizando horarios y procedimientos de operación como si el humor del viento y la mar no tuviera importancia demostró ser fórmula segura de obtener una trágica hecatombe. Los marinos mercantes de fin de siglo suelen convenir en que los ferris de esta generación con el uso se convertían en barcos inseguros, hasta el punto de calificarlos como «antibarcos». De hecho, tampoco los organismos oficiales debían de tenerlas todas consigo, pues el convenio SOLAS prefijaba para el *Estonia* que no se alejara más de veinte millas de la costa; no obstante, visto lo que algunos son capaces de hacer con barcos mucho más grandes en esta franja (véase el capítulo del *Costa Concordia*), esta limitación parece más bien anodina.

La primera parte de vida del *Viking Sally* transcurrió en monótona travesía diaria uniendo Suecia con Finlandia, es decir, Estocolmo y Turku; una vida que ningún puente o tramo de autopista le hubiera envidiado. En total, durante este período chocó cinco veces, dos en tierra en sendas embarrancadas, y el resto contra el hielo. Entrada la década de los noventa pasó a dique para revisión completa y nuevo «look», pues había sido vendido por la compañía Silja a la Wasa, que lo bautizó *Wasa King*, nombre desafortunado pues podía aludir a un monarca, Gustavo Adolfo, cuyo apellido real, también Wasa, había dado nombre a un navío de 1628 que pulverizó en su tiempo todos los récords de naufragio breve, espectacular y fulminante que nunca haya tenido lugar. Tal vez hubiera sido más prudente «no meneallo», aunque desaparecería de su amura rápidamente: para el segundo tramo de su vida había surgido un cliente al sur del golfo de Finlandia, Estonia, independizada de la URSS. El barco pasó con alegría de la bandera finlandesa que llevó siempre a una mixta de conveniencia chipriota-estonia, aun cuando había sido sueco toda su vida, y, de hecho, mantuvo a bordo asesores suecos hasta su final.

Con el definitivo nombre de *Estonia* del país que le adoptó, comenzó cubriendo la ruta Estocolmo-Tallin a principios de 1993, doscientas veinticinco millas que cubría en catorce horas a dieciséis nudos en viajes en su mayor parte nocturnos, con posibilidad de ir durmiendo, aunque, en realidad, la ruta que transitaba el buque era conocida en Suecia como el «crucero del alcohol», es decir, suecos que atravesaban el Báltico hasta la orilla de enfrente para dar un paseo y hacer compras baratas, vodka y cigarrillos, y volver a bordo ya entonados a disfrutar de la sala de baile con música en vivo del ferri, el *pub* con karaoke, los bares de copas y el minicasino, rematando la noche con una cama a mano de la que levantarse a duras penas de madrugada para desembarcar. También había tiendas *duty free*, cafeterías y un largo etcétera, pudiéndose transportar dos mil personas en total. El 27 de septiembre de 1994 embarcaron ochocientos tres pasajeros, la gran mayoría suecos, pero también estonios, lituanos, ucranianos, noruegos y algún alemán, danés, británico y holandés. La tripulación la componían ciento cuarenta y nueve estonios con su capitán, Arvo Andresson, y treinta y nueve asesores suecos del capitán Avo Piht. En el garaje se estibaban entre treinta y cuarenta camiones, dos autobuses y treinta y cuatro vehículos menores más, entre ellos nueve caravanas. Si el primer oficial, encargado de la estiba, hubiera mirado el parte antes de llevarla a cabo, se habría dado cuenta de lo que se avecinaba: una baja profunda se desplazaba desde la península escandinava hacia Finlandia a través del golfo de Botnia, lo que se traduciría en temporal del suroeste con vientos de cuarenta nudos, arreciando, y olas de tres a cinco metros de aquella dirección en mar abierto. En otras palabras, una buena castaña por el costado de babor, por lo que habría sido una precaución excelente colocar los vehículos pesados en este costado para que hicieran «banda», y los coches y caravanas, más ligeros, en estribor. Personalmente, recuerdo una travesía del estrecho de Bonifacio, de Cerdeña a Córcega, en un ferri de la compañía Moby que, vacío y con veinticinco nudos de poniente, hizo todo el viaje con bastante escora. Sin embargo, al regreso, con la bodega llena de vehículos, navegaba perfectamente adrizado. Siendo estos buques tan sensibles a la carga de sus garajes, y con un temporal previsto por babor, una precaución como la antedicha habría sido sancionada como ortodoxa y de buena marinería; lamentablemente, lo que se hizo fue todo lo contrario, ubicar rutinariamente y por motivos técnicos los vehículos pesados a estribor, compensando la escora creada por estos llenando los tanques de babor. Estos vehículos, en su momento, lejos de ayudar con su peso a evitar el naufragio, colaborarían al mismo con entusiasmo como pesos altos.

Aquella deprimente tarde de martes, con el temporal en ciernes, las cosas no pintaban bien para el *Estonia*, que acababa de pasar una inspección de su nuevo país de adopción con veredicto negativo para la estanqueidad. El buque debía haber zarpado de Tallin a las 19:00 horas, pero se retrasó quince minutos por un tema de carga y salió de puerto por última vez en su historia con un tiempo de perros, viento del sur fuerza cinco, chubascos y visibilidad no superior a diez millas, lo que a algunos puede hacerles murmurar que podía haber sido peor. De hecho, si, aprovechando el redoso de la costa estonia, el ferri afrontaba la primera parte de la travesía forzando a diecinueve nudos, podía recuperar el retraso y afrontar la difícil travesía del mar Báltico enfurecido con cierta tranquilidad. La gente se distribuyó entre los camarotes, bares y salas de fiestas, pero si alguien pensó en deleitarse con la orquesta se llevó un chasco, pues los virtuosos no podían tocar con tan mal tiempo y el maestro de ceremonias tuvo que pedir disculpas y hacer mutis por el foro, aunque siempre quedaba operativo el karaoke. Ambos capitanes, estonio y sueco, se personaron en el puente de 21:00 a 21:30, y, a las 22:00, el *Estonia* llegó al final de estas cómodas millas iniciales teniendo por el través la pequeña isla de Osmussaar, contando ahora con el único redoso de la más lejana Hiiumaa.

Con tan escasa protección, el mar Báltico empezó pronto a dar una idea del tratamiento que pensaba dispensar al ferri; las olas adquirían cada vez mayor altura, y, por efecto del viento, el *Estonia* tomó una escora permanente de dos grados a estribor. Navegaba a unos dieciocho nudos de velocidad, viento fuerza siete y olas de tres metros. A las 23:30 se cruzó, de vuelta encontrada, con el ferri polaco *Amber*, cuyo capitán lo recordaría posteriormente rompiendo olas cuyas salpicaduras llegaban hasta el puente; muy bello a la luz de la luna, pero este capitán pensó de sus homólogos que debían de estar locos navegando a toda velocidad con la proa postiza en aquellas condiciones, dejándolo por escrito para la comisión alemana encargada de la investigación del siniestro. Los golpes, no podía ser de otra manera, se notaban a bordo, y parece ser perturbaron la cena del capitán, que, según un pasajero, se mostró ligeramente afectado. Subió al puente antes de medianoche, y tras dar un vistazo dejando instrucciones para que se activaran los estabilizadores, a las 00:25 desapareció, quedando en *stand by* hasta las 05:00, cuando tomaría su relevo el capitán Piht. A la mencionada hora, se efectuó un cambio de veinticinco grados a estribor para tomar el canal de Söderarm, distante ochenta y cinco millas. La función iba a comenzar.

Para entonces, el viento había arreciado a fuerza ocho con rachas de nueve, temporal duro, y las olas variaban entre los cuatro y seis metros de altura, casi por la proa. Los golpes sobre la frágil proa abatible del *Estonia* debían de ser terribles, y el buque ya no lograba avanzar sobre el fondo a más de quince nudos. Sin embargo, a nadie se le pasó por la cabeza moderar la velocidad. A las 00:45 se escuchó un golpe metálico y se mandó a un marinero a ver qué pasaba; este echó un vistazo por el interior de la proa y la encontró sin novedad. Sin embargo, se supone que fue entonces cuando se rompió uno de los tres cerrojos que sujetaban la visera de la proa, que comenzó a levantarse y destrincarse del buque, el cual, lanzado aún a catorce nudos, no tardaría en sacudírsela de encima. Sobre la 01:00 de la madrugada el marinero se cruzó con el capitán en el puente, quejándose del retraso, y fue enviado de nuevo a investigar los ruidos de la proa. No llegaría a hacerlo, porque, a la 01:15, todo el cambalache de la proa en visera dijo basta, y el apéndice cayó a plomo al fondo del mar, en unos cien metros de sonda, no sin antes atizarle una caricia de despedida al bulbo de proa del *Estonia* de la que debieron enterarse hasta en San Petersburgo.

La situación no podía ser más crítica, con el buque lanzado y sin proa contra un temporal desatado que amenazaba engullírselo en un santiamén; así sería, irremediablemente. Los artilugios telescópicos y plegables como la rampa del garaje, carente de sujeción, tienden a desplegarse cuando nadie se lo ha pedido; quedó así expuesto un gran agujero por el que las olas no tardaron en lanzarse al abordaje del inmenso local. Desde el monitor de televisión del puente pudieron ver, aterrados, cómo los vehículos desaparecían bajo el agua, y el ferri escoró quince grados a estribor. Sólo cabía la posibilidad de una maniobra in extremis, a la desesperada, para salvar el buque, pero, por desgracia, y tal vez llevados por el pánico, en el puente del *Estonia* optaron simplemente por suicidarse: metieron la caña a babor, trataron de compensar la escora llenando más tanques de babor de los ya inundados y cerraron las puertas estancas de las cubiertas bajas. El giro de cincuenta y cinco grados llevó al ferry directamente contra las olas, entrando a bordo unas dos mil toneladas de agua que sentenciaron el buque. Eran las 01:23 cuando la escora aumentó a treinta y cinco grados, y, tres minutos después, a cuarenta y cinco grados, inclinación esta que hizo reventar por presión de agua las cristaleras de la banda de estribor, acelerando el proceso. La megafonía había dado la alarma a la 01:19, y, en el momento del desastre, sonó la señal de «abandono del buque», siete timbres cortos y uno largo.

Decir que, para entonces, un aquelarre señoreaba a bordo tal vez sea demasiado leve. Todos los testimonios de los supervivientes coincidieron en que no hubo tiempo. Los más despabilados se alarmaron con la caída de la proa, y sólo tuvieron ocho minutos para ponerse algo de ropa, abandonarlo todo y tratar de ganar la cubierta de un buque que se hundía a toda velocidad. Todos confiesan que escalaban entre mareas humanas de hombres, mujeres y niños que gritaban despavoridos, empujándose y pisándose; gritos y llantos que, según dicen quienes los han escuchado, se recuerdan hasta la muerte. Los ciento cuarenta y un supervivientes fueron todos hombres jóvenes, los más fuertes, entre ellos un buen número de «juerguistas» que lograron ponerse a buen recaudo por estar vestidos y despiertos.

Muchas mujeres y niños que lograron alcanzar la cubierta y evacuar el barco murieron luego por hipotermia. El precioso puente de veintisiete metros de anchura, con sus alas de maniobra, consolas, asientos de gobierno y cuarto de derrota, se transformó en un pozo insondable donde alcanzar cualquier instrumento de socorro requería facultades de

Balsa salvavidas reglamentaria como las que llevaba el *Estonia* en su naufragio. Los 141 supervivientes tuvieron que enfrentarse a las inclemencias de la mar, temporal duro a muy duro (fuerza 8 a 9 en la escala Beaufort) y a la hipotermia, que acabó con muchos náufragos. Las escenas descritas a bordo de las balsas fueron espantosas.

alpinista. Aun así, en el momento del desastre (01:22) alguien transmitió a través del VHF un angustioso *mayday* que recibió el *Silja Symphony*, y dos minutos después el tercero lograba una comunicación coherente con el *Silja Europa* y llevaba a cabo la proeza de dar la posición con sesenta grados de escora, terminando la transmisión asegurando que la cosa estaba mala, realmente mala, en lo que no se podía sino darle la razón. Los diez botes salvavidas quedaron inutilizables ya que no se podían botar, así que los que lograron mantener la sangre fría esperaron a que el ferri volcara y trataron de saltar al agua con las balsas salvavidas de goma. A las 01:35 el barco estaba casi tumbado –ochenta grados– y se detuvieron los grupos de emergencia, mientras un centenar de personas se congregaban sobre el costado de babor en un cónclave demencial bajo la luz de la luna. No tuvieron mucho tiempo que perder, puesto que el casco del *Estonia*, como

El ferri *Silja Simphony* de la Silja Line que recibió el angustioso *mayday* o llamada de socorro del *Estonia* emitido a las 01:22 del 28 de septiembre de 1994, cuando el desgraciado buque ya zozobraba. Otro ferri, el *Silja Europa*, logró tomar la posición del naufragio, al que se dirigió inmediatamente, iniciando el salvamento a las 02:00 en combinación con otros buques y helicópteros, que llegaron una hora después.

el de un cetáceo herido de muerte, prosiguió su rolido hasta los ciento treinta y cinco grados, se hundió de popa sacudiéndose a todos los supervivientes de la resbaladiza superficie de su aparadura, alzó lo que quedaba de la proa al aire y se hundió finalmente, quedando sobre el somero fondo del mar Báltico tumbado a estribor, entre setenta y cinco y ochenta y seis metros de profundidad, donde pocos días después lo descubrían los robots submarinos de los buques de investigación *Helli* y *Suunta* con su macabro cargamento.

Los barcos que se hallaban cerca en el momento del accidente eran el *Mariella* y el *Silja Europa*, ambos por su banda de estribor y a unas once millas de distancia. El primero había moderado a doce nudos a las 23:00, es decir, cuando el *Estonia* empezó a recibir golpes, a pesar de lo cual su proa de visera no se libró de desperfectos, aunque no llegó a la completa emancipación como la que nos ocupa, ni el buque se vería en peligro en ningún momento. Así de simplemente se convirtió en buque rescatador, no rescatado. No obstante, su llegada al lugar de los hechos, hacia las 02:00, en plena noche y con el temporal desatado, fue todo lo desalentadora que cabe suponer: se vio rodeado de lucecitas de balsas salvavidas y gente nadando alrededor a la que no se podía recoger con facilidad, teniendo que ingeniárselas para habilitar el medio con el que subirlos a bordo. Este fue arriar e izar sus propias lanchas con la grúa, rescatando unas quince personas, como el ferri *Isabela*, que desplegó una rampa inflable. A las 03:05 apareció el primero de un auténtico enjambre de helicópteros procedentes de los tres países ribereños, y a lo largo de la madrugada fueron llegando más barcos. La operación de rescate concluyó hacia las 09:00 de la mañana con ciento cuarenta y un supervivientes y noventa y dos cadáveres rescatados del agua.

DEMASIADOS PECADOS

Si algo nos demuestra la catástrofe del *Estonia* es que resulta poco aconsejable mezclar circunstancias eminentemente técnicas como un delicado diseño de la proa, la estiba inadecuada o un mantenimiento poco estricto con unos esquemas de mando y estrategias de empresa dispuestos a hacer prevalecer la puntualidad por encima de todo, los recelos por un complejo cambio de propiedad y las discrepancias de mantener a bordo tripulación bicéfala con reales y acuciantes peligros coyunturales como el temporal de amura difícil de manejar para este buque muy ajetreado y que intentó una maniobra de última hora la cual, lejos de salvarlo, lo condenó definitivamente. La conflictiva proa en visera, el cuestionable mantenimiento, las peculiaridades del mando, la bicefalia del mismo y la estiba del revés resultaron demasiados pecados para que el *Estonia* saliera bien librado de un difícil encuentro con un temporal al que nunca se prestó el debido respeto.

El *Estonia* no fue noble con su gente puesto que, tras perder la proa, apenas dio tiempo para abandonarlo, y, de hecho, la mayor parte de tripulación y pasaje se quedó a bordo. Los pecados técnicos cometidos previamente influyeron en ello, por no hablar del temporal, factor definitivo, pero ello no puede hacernos ignorar el hecho de que el diseño del propio barco, oponiéndose a la mar y superándola sólo a base de potencia de máquina brindó a las olas una ocasión inigualable de desmontarlo averiándolo gravemente, y el acceso de proa y el garaje diáfano permitieron la definitiva irrupción masiva de agua que lo echaría a pique. Suspende pues el *Estonia* con su comportamiento una vez inmerso en el siniestro, y, de hecho, la catástrofe ha tenido que hacer pensar posteriormente a diseñadores, constructores y autoridades acerca del diseño y construcción de buques ferri.

Aunque algunos miembros de la tripulación lograran dar la alarma, transmitir la petición de socorro y ordenar el abandono del barco, no consta que en ningún momento del siniestro se lograra un salvamento organizado; antes bien al contrario. Apenas hubo supervivientes de la misma, constando sólo Einar Kukk como oficial que salvaría el pellejo a duras penas. Así pues, si la tripulación obró mal por acción u omisión, pagó por ello con lo más valioso de que dispone cualquier ser humano, su propia vida. Parece justo no cebarse con ellos. Tampoco con el mando, aunque los dos errores definitivos procedieran del puente precisamente: no reducir máquina cuando el barco lo pedía a gritos, y poner proa a la mar, en vez de la popa, cuando se cayó la visera. El *Estonia* fue puesto gravemente en apuros por lo primero, y se perdió por lo segundo, de tal forma que, sin intención, sus capitanes y oficiales de guardia se transformaron en sus peores enemigos.

La supervivencia en las lanchas salvavidas fue precaria, angustiosa y dramática, confirmando el hecho de que sólo deben utilizarse en casos como este, como último recurso. El arquitecto inglés Paul Barney sobrevivió en una balsa con otras catorce personas, de las que ocho perecieron de frío en el transcurso de la noche, una de ellas, una niña estonia a la que el propio Barney había rescatado. Luchó por su vida controlando sus pulsaciones y tratando de no quedarse dormido, mientras otros perecían de hipotermia a su alrededor. Rescatado finalmente por un helicóptero, su testimonio resultó espeluznante.

A pesar de su notable tamaño –para un ferri–, tras catorce años de servicio intensivo sabemos que el *Estonia* no era gran cosa. Pero reducirlo a un dato estadístico tampoco sería justo ni razonable. No se trató de un ferri que se perdió de los muchos que circulan con absoluta o relativa seguridad por el mundo porque alguno tiene que caer, ni fue una arbitraria lotería la que le condenó, sino un cúmulo de desaciertos que, superponiéndose, lo condujeron a su pérdida definitiva.

Capítulo 13
La explosión de un submarino ruso
Accidente del submarino lanzamisiles balísticos *Kursk*, mar de Barents, agosto de 2000

SUMERGIBLES MUY PELIGROSOS

En uno de los recovecos del mar Blanco, un rincón abrigado y protegido de los hielos invernales que asolan estas latitudes, se encuentra la base naval y fondeadero de Arkhangelsk (Arkangel para los occidentales) contiguo a la factoría naval y astillero de Severodinsk. Este lugar tranquilo y remoto fue, durante los tiempos de la Guerra Fría, el cubil perfecto para que la Armada de la desaparecida URSS incubara y echara al mundo decenas y decenas de sumergibles, los «lobos grises» de los soviets con los que el comunismo pensaba alterar –o, al menos, cuestionar– el dominio de los mares que ejercía, primero con sus gigantescos portaaviones convencionales, luego con los de propulsión nuclear, la todopoderosa Armada de Estados Unidos.

Aparte de sus propios diseñadores y constructores, la Marina soviética se había beneficiado mucho con la captura de científicos y técnicos de la Alemania nazi al final de la Segunda Guerra Mundial. Estos cerebros, capitaneados por el famoso profesor Walter, habían sido capaces de construir el mejor submarino del mundo en 1945 (el tipo XXI) no sólo por sus avances técnicos, sino por la experiencia operativa acumulada en su diseño y la inveterada calidad constructiva que se le achaca –no siempre con verdadero mérito– a los alemanes. Los rusos reciclaron estos nazis al bolchevismo, toda una experiencia en la que, más que de «lavado», habremos de tratar de «centrifugado» de cerebros, y, superada la inocente novatada, pasaron a continuación a sentarlos en la mesa de diseño y exprimirlos hasta la extenuación, porque lo que el Soviet Supremo deseaba de estos profesionales no era su fidelización política –las tenían a millones–, sino hasta los últimos secretos de estos submarinos que querían emplear contra el perverso mundo imperialista sostenido por el no menos diabólico capital.

Así fue como nacieron las diferentes series de sumergibles soviéticos que nutrirían las filas de la Flota Roja engrosándolas año a año y enviando varias decenas de marinos rusos a buscarse la vida en las extensiones oceánicas con la pretensión de hacer imposible la existencia a unos señores que, embarcados en buques llenos de comodidades y dotados de modernos y muy superiores medios de detección, además de auténticos arsenales armamentísticos de tecnología punta, tenían todo de su parte para que la espartana vida de estos sufridos submarinistas fuera un poco más dura si cabe, haciéndoselas pasar canutas con acosos interminables que los hacían volver a casa vivos y coleando, pero bastante más deprimidos y desmoralizados de lo que habían salido. Este fue el caso de las primeras series de submarinos soviéticos, carne de cañón para la Guerra Fría conocidos por la OTAN como clase *Whiskey, Zulu* y *Quebec*, directamente derivados del tipo XXI alemán, de los que fueron botados alrededor de cuatrocientas unidades, cediéndose por lo menos medio centenar a marinas satélite de países del Telón de Acero o amigas como la República Popular China. Incluso algunos de ellos, finalizada su vida operativa, llegaron a España para el desguace, después de protagonizar todo tipo de sucesos como accidentes inesperados, abordajes e incluso varadas delante de la base naval sueca que espiaban; famosa es la anécdota del pesquero de Huelva que, estando con las artes tendidas en aguas del golfo de Cádiz, no lejos del estrecho de Gibraltar, salió navegando a más de doce nudos inevitablemente y hasta que se rompieron las redes, pues había «pescado» un submarino ruso que ni siquiera se molestó en emerger para rellenar el parte del seguro.

Los soviéticos mejoraron el modelo con los también submarinos convencionales (diésel-eléctricos en superficie e inmersión, respectivamente) *Foxtrot, Romeo, Tango* y *Golf*, más de cien unidades en total, en

Submarino soviético clase Hotel II, del que se construyeron decenas de unidades. Los *Hotel* y *Yankee* (como se los conocía en el mundo occidental) fueron los primeros submarinos de propulsión nuclear construidos tras el Telón de Acero. La URSS se apropió de la tecnología submarina del Tercer Reich para iniciar el desarrollo de sus propios sumergibles.

los años sesenta y setenta. Pero, ya para entonces, se había abierto la caja de Pandora, pues algún espabilado había inventado el «buque de guerra perfecto» que, no necesitando repostaje de combustible ni suministro de aire saliendo a superficie, podía navegar indetectado donde quisiera para dar el golpe de gracia al enemigo: el submarino de propulsión nuclear. Ambas superpotencias se entregaron a su fabricación con ansia y perseverancia, logrando sembrar los mares de estos letales peligros radiactivos llenos de productos altamente contaminantes a costes exorbitantes, de lo que todavía nos estamos arrepintiendo.

Los primeros submarinos nucleares soviéticos fueron los *Hotel* y los *Yankee*, otro medio centenar de sumergibles (suma y sigue) con el que empezó la problemática y conflictiva «experimentación», seguidos de los *Delta* de casi diez mil toneladas, todos ellos saturados de misiles balísticos (SSBN) mientras, paralelamente, se desarrollaba otra estirpe de buques, los «cazasubmarinos» o submarinos de ataque (SSN), cuyos nombres OTAN de sus series fueron *Victor, Sierra* y *Akulas*. Con todos estos ingredientes, más sus contrapartes estadounidenses, se desarrolló un triste capítulo de la historia naval mundial, el desafío estratégico de la Guerra Fría, plagado de accidentes, muertos y desaparecidos, además de contaminado para siempre por la letal radioactividad.

Aparte de los SSN y SSBN, otros tipos de sumergible, más viables y «sostenibles», se abrieron paso en Europa dando origen al submarino anaerobio; pero mientras tanto, en la Unión Soviética, y a pesar del inminente derrumbamiento del sistema, los mandos de la Flota Roja continuaban obsesionados con los colosales portaaviones estadounidenses, acabando por construir un tipo de sumergible expresamente diseñado para atacarlos y destruirlos. La novedad estaba en que no pensaban hacerlo con torpedos –había que acercarse demasiado–, sino con misiles balísticos como los que llevaban los SSBN, pero especialmente adaptado a este tipo de blanco, mucho más reducido que una ciudad. Fue así como se concibieron los submarinos nucleares de ataque SSGN lanzadores de misiles de crucero clase Oscar y Oscar II, de los que el desgraciado K-141 *Kursk* formaba parte integrante.

UN ACCIDENTE INCONFESABLE

Es fácil encontrar crónicas de prensa o reportajes acerca del *Kursk* que comienzan con titulares sensacionalistas como «La perla de la corona del zar» o «El submarino más grande de la Marina rusa». Ni una ni otra cosa es cierta, es decir, ni el *Kursk* era el mejor ni tampoco el mayor de la nueva flota submarina soviética, bastante reducida con respecto a la precedente Flota Roja. Los mejores son los modernos *Akulas*, de los que quedan trece en servicio, y los más grandes, los imponentes *Typhoon* de veintiocho mil doscientas toneladas, los mayores submarinos construidos jamás, que presentan la particularidad de tener sendos cascos resistentes en dos cilindros paralelos.

Se proyectaron veinte unidades de la clase *Oscar* –proyecto 949A de la oficina Rubin de San Petersburgo–, construyéndose sólo once; la Marina rusa opera aún ocho unidades supervivientes. Son también muy grandes, ciento cincuenta y cuatro metros de eslora y dieciséis mil cuatrocientas toneladas de desplazamiento sumergidos. Su durísimo casco, de acero al cromoníquel, tiene 8,5 milímetros de espesor, e iba a demostrar su magnífica resistencia en el accidente que nos ocupa. El desmesurado tamaño –aunque no tanto como los *Typhoon*– viene dado por lo que la nave tiene que contener, veinticuatro lanzadores de misiles de diversos tipos y dos reactores nucleares OK-650b. Son barcos muy rápidos, treinta nudos en superficie y treinta y dos en inmersión. En el momento de su accidente, el *Kursk,* construido en 1992-1994, era un barco nuevo, bien probado y experimentado, que constituía la punta de lanza de la flota balística soviética, compuesta, además de los *Oscar,* por cuatro *Deltas* y dos *Typhoon.*

Para su principal finalidad, es decir, destruir portaaviones estadounidenses, el *Kursk* podía disponer de varios tipos de misiles antibuque, los más habituales de los cuales eran el SS-N-15, conocido por la OTAN como Starfish, y el SS-N-16 Stallion; el antecedente de estos temibles artefactos hay que buscarlo en el SS-N-6 Serb, diseñado en los años setenta del siglo XX por las oficinas Chelomey e Isayev para las clases de submarinos *Yankee, Golf* y *Hotel,* que nunca llegaron a llevarlo. Los chinos, sin embargo, aprovecharon esta tecnología para desarrollar su actual DF-21D (CSS-5 para la OTAN) con el que su ejército podría alcanzar desde su territorio un portaaviones estadounidense a mil quinientos kilómetros de distancia según ellos; así que las crisis de Taiwán prometen un futuro divertido. Cuando se accidentó, el *Kursk* llevaba veintidós letales misiles en sus silos.

Durante el año 1999, el K-141 fue destacado al Mediterráneo con la misión de espiar el despliegue estadounidense durante el conflicto de Kosovo. El capitán Lyachin se haría valer cruzando indetectado, en dos ocasiones, el estrecho de Gibraltar con un buque tan grande. La operación en un mar tan somero como el *Mare Nostrum,* cerca del muy transitado canal de Sicilia, no debió de ser fácil; el *Kursk* se vería obligado a pasar mucho tiempo posado en el fondo, donde resultaba prácticamente indetectable. Se rumoreó después que, en una ocasión, llegó a estar directamente bajo un portaaviones estadounidense que no se apercibió de su presencia. También se comentó, aunque desconocemos la fiabilidad de la

El submarino ruso K-186 *Omsk* de la clase Oscar, gemelo del K-141 *Kursk*. Estos enormes sumergibles de propulsión nuclear, ciento cincuenta y cuatro metros de eslora y dieciséis mil cuatrocientas toneladas de desplazamiento en inmersión estaban diseñados no sólo para disparar misiles intercontinentales, sino también antibuque, con los que podían destruir un portaaviones estadounidense a 1.500 km de distancia, al menos, sobre el papel.

información, que llegaron a tomarse medidas extremas en pro de mantener la furtividad, una de las cuales fue desactivar la baliza de emergencia que se soltaba en caso de accidente. Resulta difícil de creer que nadie se acordara de volver a activarla después.

El caso es que, al año siguiente, al *Kursk* –cuyo nombre evocaba la famosa batalla de tanques de la Segunda Guerra Mundial– le tocó participar en unos ejercicios de verano en el mar de Barents, gélidas aguas comprendidas entre el cabo Norte noruego, las islas Spitzberg y Nueva Zembla por el este. Además de los veinticuatro silos de misiles, el K-141,

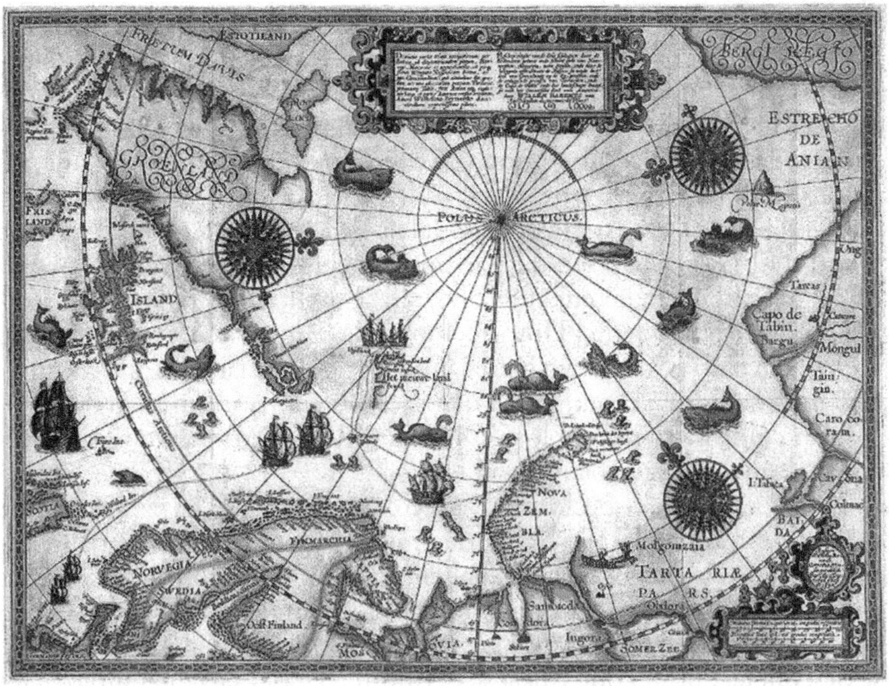

El mar de Barents permanece navegable en toda época, lo que significa una gran ventaja operativa para la base y astillero de Severodinsk, Arkángel, población ubicada en el mar Blanco (al sur del mar de Barents y delimitado por la península de Kola), que es cuna de la potentísima flota de submarinos nucleares estratégicos de la ex Unión Soviética, hoy de Rusia. Un rincón casi inaccesible para extraños y bien protegido.

que como todos los buques soviéticos de última generación era un polvorín sumergible, estaba dotado para su defensa «cercana» de cuatro tubos lanzatorpedos de calibre estándar (quinientos treinta y tres milímetros) y otros dos «extras» de seiscientos cincuenta. Los torpedos soviéticos están propulsados por peróxido de hidrógeno, que, como todo en los que interviene este componente, tiende a la explosión insospechada.

El 12 de agosto de 2000 el *Kursk* estaba de maniobras con un gigantesco crucero tipo *Kirov*, el *Pedro el Grande*, y otros cuatro submarinos. Tal como estaba previsto, lanzó satisfactoriamente un misil balístico *Granit* de ejercicio, pero, al día siguiente, sufrió una tremenda explosión en el compartimento de proa. Como no estaba cerrada la puerta estanca de la sala de torpedos, la onda expansiva afectó los dos primeros compartimentos, matando instantáneamente a todos los presentes. Aproximadamente a los dos minutos hubo otra explosión mucho más fuerte, que destruyó toda la proa del submarino y lo echó a pique en ciento ocho metros de profundidad; en un principio resultó anegado un tercio del casco, y la inundación se fue extendiendo al fallar el sistema eléctrico de cierre de puertas. El *Pedro el Grande* detectó ambas explosiones, y, con los submarinos presentes, acudió en su auxilio, sin poder hacer otra cosa que balizar el lugar del accidente. Hoy sabemos que, dentro del *Kursk,* quedaban al menos veintitrés supervivientes, que lograron aislarse en los compartimentos de popa. Ahora, había que sacarlos con la máxima urgencia, y planear cómo se extraerían los veintiún misiles restantes y los dos reactores nucleares que se habían ido al fondo.

Por desgracia, el pecio no se ubicó correctamente hasta el segundo día del accidente, pues la baliza de emergencia no se disparó. Para entonces, todos los supervivientes habían muerto (pudieron aguantar unas ocho horas), dejando cartas que no han sido publicadas en su totalidad; aun lo que se supo horrorizó al mundo entero. Pero, en la superficie, esto se desconocía, por lo que Rusia se permitió rechazar la ayuda internacional; con un sigilo más propio de tiempos pasados que del siglo xxi, Rusia pareció haber heredado de la extinta URSS su inveterada costumbre de extender un manto de secreto sobre los accidentes de sus submarinos. Se trajeron al lugar del accidente medios de salvamento propios, basados en buzos clásicos y hombres rana, además de la cámara de rescate («Chamber») CK-64, derivada de la clásica cámara MCann. Se comprobó entonces que el *Kursk* estaba escorado sesenta grados sobre el fondo, grave inconveniente para que esta cámara pudiera acoplarse; el mal tiempo hizo fracasar el intento. Por fin, el quinto día, el gobierno ruso logró desprenderse de su «concha» ancestral, solicitando ayuda a británicos y noruegos, que tenían medios de salvamento adecuados.

Cuando se cumplía ¡una semana! desde el accidente, la CK-64 pudo hacer un intento de acoplamiento fallido por la inclinación que presentaba la escotilla de rescate del *Kursk*. Al día siguiente, buzos rusos, noruegos y británicos, formando el equipo Regalia de salvamento, llegaron al lugar, comenzando a inspeccionar el casco en inmersiones de gran profundidad. Por fin, al décimo día, lograron abrir la escotilla y entrar en el *Kursk*, donde sólo quedaban cadáveres. El vehículo de rescate submarino

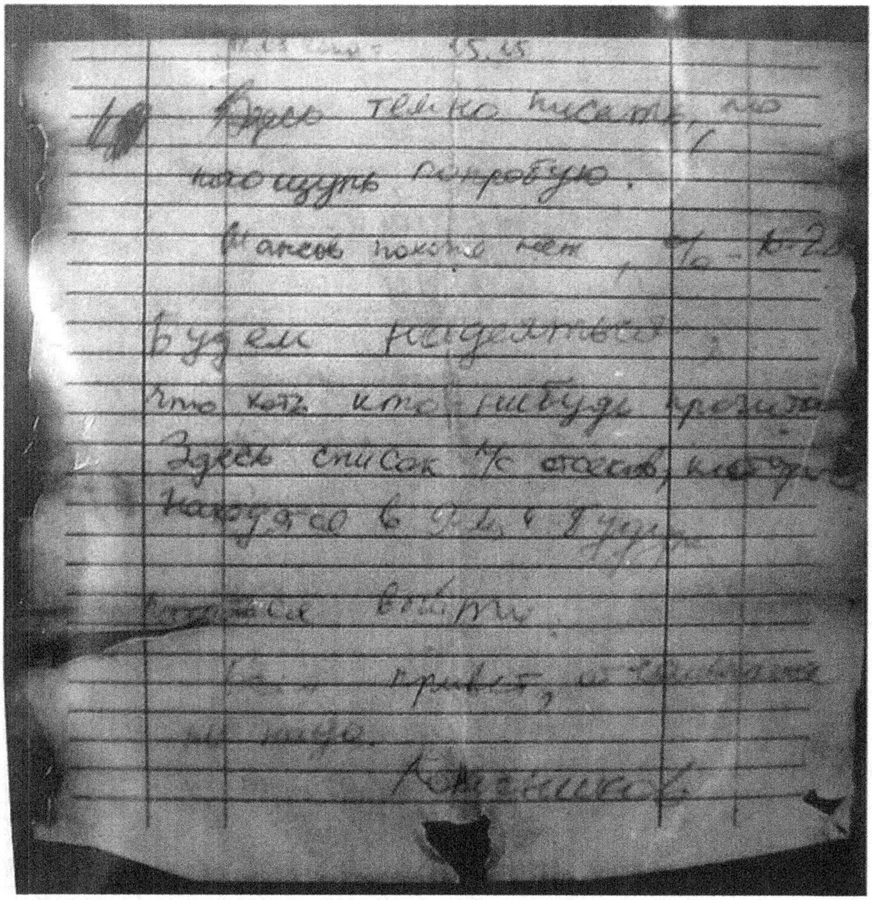

Una hoja del escalofriante diario del marinero Kolesnikov, que se encontró en su cadáver. Tras la explosión de un torpedo 65-76A propulsado por peróxido de hidrógeno, quedaron a bordo veintitrés supervivientes sin esperanza, pues apenas tenían aire para ocho horas y los medios de rescate tardaron más de diez días en acceder al submarino siniestrado.

británico LR-5, de veintiuna toneladas, con tres tripulantes a bordo y capacidad para dieciséis rescatados, no llegaría a intervenir.

Confirmado el fatal desenlace, se inició la ardua faena de extraer el submarino del fondo. Se barajaron soluciones como extraer los misiles del pecio, o ir troceando este para que fuera más fácil izarlo, pero, ante el peligro y la complejidad de estas operaciones, se optó por sacar el submarino entero, o, al menos, lo que había quedado de él. Recuperar un enorme tubo de acero lleno de explosivos y diez mil toneladas de peso hundido a más de cien metros de profundidad es tarea que desanimaría a cualquiera, pero las empresas de salvamento Mammoet y Smit Tak se pusieron a ello, taladrando y pasando cables por todo el submarino para proceder luego a su izado. La operación duró casi catorce meses; al fin, el 21 de octubre de 2001, la gigantesca grúa flotante *Giant* fue capaz de izar los restos del *Kursk* a una plataforma que los llevó a una base de la península de Kola.

El pormenorizado análisis de los restos llevó a concluir un informe que se hizo público como versión oficial: un torpedo tipo 65-76A propulsado por peróxido de hidrógeno había dejado filtrarse este último por un fallo de óxido en la carcasa. El compuesto reaccionó con cobre y latón, explotando, y provocando los daños la también explosión por simpatía de los otros doce torpedos que contenía la cámara de proa del *Kursk*. El examen de los daños era completamente coherente con esta versión, y nunca ha sido desmentido. Pero, como sucede a menudo, ello no evitó que surgieran varias teorías «extraoficiales», de las que dos tomaron fuerza: una sugería la colisión del *Kursk* con otro de los submarinos que hacían el ejercicio. La otra, con un furtivo y anónimo submarino estadounidense, que habría penetrado en el mar de Barents para espiar las maniobras como en plena Guerra Fría. Los más recalcitrantes, incluso, decían que el submarino yanqui destruyó el *Kursk* a propósito, versión ciertamente aventurada y que los estadounidenses desacreditaron rápidamente, informando que en verano de 2000 ninguno de sus sumergibles operaba en el mar de Barents; quien quisiera acusarles de lo contrario, tendría que demostrarlo.

LOS ACCIDENTES DE SUBMARINOS HOY

Al final, el tiempo suele dar o quitar la razón, y, en el caso del *Kursk* todo apunta a que la versión oficial es cierta, o la que más se asemeja a lo que sucedió realmente. Aparte, se fueron filtrando crónicas quejas de los marinos rusos sobre el estado en que se hallaban los buques de la Flota del Norte por la falta de presupuesto y la desidia de las autoridades en sucesivos gobiernos. En la primavera de 2004, el propio jefe de la Armada soviética tuvo que hacerse cargo de la situación, denunciando que el crucero *Pedro el Grande*, buque insignia, estaba tan deteriorado y falto de mantenimiento que en cualquier momento podía «volar por los aires». Parece ser que el almirante Kuroyédov empezó a darse cuenta del estado en que estaba su flota cuando durante los ejercicios de verano de 2004 sus unidades fueron incapaces de lanzar dos misiles intercontinentales RSM-54, y un tercero tuvo que destruirse al tomar una trayectoria errática; este misil databa de 1987, y tenía una garantía útil de menos de ocho años.

Los accidentes con submarinos no han dejado de sucederse. En septiembre de 2003, el K-159 sufrió un fallo que causó la muerte de nueve tripulantes, impidiéndole lanzar sus misiles en presencia del propio presidente Putin. Aún en 2008, un *Akula II*, el *Nerpa*, sufrió un incendio en el mar del Japón que se saldó con veinte muertos y veintiún heridos por inhalación de gas. Y ello por no hablar de las decenas de submarinos soviéticos procedentes de tiempos de la Guerra Fría que, retirados del servicio, se pudrían en los arsenales y bases como Severomorsk convirtiéndose en peligrosos polvorines nucleares flotantes. Poco a poco, conforme los medios y recursos han ido llegando, Rusia se ha visto obligada a desguazar estos letales residuos de otras épocas, encerrando los núcleos de sus reactores radioactivos en contenedores de hormigón que se almacenan en gigantescos cementerios como mudos monumentos a la suma estupidez del hombre.

Sin embargo, la tremenda tragedia y siniestro del *Kursk* no ha sido inútil; aun con un enorme esfuerzo, la «concha» del secretismo y la reserva soviética había saltado por los aires como antigualla del pasado. Aunque la propia Rusia siguiera guardando celosamente sus secretos, la lección se había aprendido, y todos los submarinistas del mundo comprendieron que tenían mucho más que ganar unidos que manteniendo absurdos bloques y trincheras del siglo anterior. Los ministerios de Defensa también se mostraron muy activos a este respecto, y los submarinos «navegaron» al fin libremente sobre los restos del Telón de Acero. Si hasta entonces las maniobras de rango OTAN para rescate de submarinos se habían unificado bajo el título Sorbet Royal, las Bold Monarch del siglo XXI internacionalizaron el salvamento y unieron a toda la Comunidad Internacional para el rescate de tripulaciones de submarinos accidentados.

ROVs o robots submarinos sin tripulación como este Hércules 2005 de los buques *Helli* y *Suunta* sirvieron para la localización del pecio del *Estonia* y recogida de evidencias con las que poder determinar las causas del terrible suceso. El portón o visera de proa se localizó también, a cien metros de profundidad, con estos mismos medios.

Hoy día, existen numerosos métodos para el rescate de tripulaciones de submarinos, dependiendo del país y el origen; pero, básicamente, podemos dividirlos en tres tipos: en primer lugar el ruso, que ya conocemos, basado en la cápsula o cámara Mcann, desarrollado en cuatro cámaras, la de rescate CK-64 (operable hasta quinientos metros de profundidad) en compañía de otras tres: cápsula de buceo BK, cápsula de trabajo PK-680 y cámara de observación HK-680, junto con el vehículo de operación remota *Tiger*. Este veterano pero desarrollado sistema de rescate ha conseguido, en unas Bold Monarch, acoplarse al submarino español *Galerna*, todo un hito de cooperación.

En segundo lugar, los sistemas de grandes submarinos de acoplamiento (SRV) que operan las marinas sueca e italiana, pudiendo sacar de doce a quince tripulantes cada vez de un submarino accidentado entre trescientos y quinientos metros de profundidad, con el pecio escorado no más de cuarenta y cinco grados. Gran Bretaña, Francia y Noruega tienen el modernísimo sistema NSRV, un submarino de acoplamiento construido por Rolls Royce que puede descender hasta seiscientos metros de profundidad y sacar ciento cincuenta personas del submarino accidentado en grupos de quince, auxiliado por un ROV (robot submarino) que localiza el pecio, establece las comunicaciones con los posibles supervivientes, mide el aire que les queda y prepara el acoplamiento. Por último, los estadounidenses utilizan otro moderno sistema mixto, el DSRV Falcon auxiliado por el RORV Remora, que es un híbrido entre robot submarino y cápsula de acoplamiento, que, con un operador a bordo, tiene capacidad para seis supervivientes. En 2011, este equipo de rescate se acopló con éxito al submarino ruso convencional *Alrosa*; puede viajar en un avión *Hércules C-130*, y es capaz de abordar pecios con la escotilla de evacuación inclinada sesenta grados; clarísima consecuencia este vehículo del accidente del *Kursk*, que hubiera quedado a su alcance.

Capítulo 14
El estropicio del megacrucero
Embarrancada del crucero de vacaciones *Costa Concordia*, isla de Giglio, enero de 2012

PASAJEROS EN MASA, NEGOCIO SEGURO

Aunque hoy día las palabras estropicio y hecatombe se emplean con la consabida licencia literaria para cualquier catástrofe, la primera suele asociarse a un evento doméstico en el que algo muy valioso, pero frágil, es hecho pedazos por alguien con muy mala mano, normalmente un tierno *bambino*, el más querido de la casa, el cual, tras recibir severa reprimenda del *pater familiae*, vuelve al redil y aquí no ha pasado nada. Pues bien, en el trágico naufragio del *Costa Concordia* tenemos todos los elementos del estropicio: el objeto frágil y caro, o sea, el precioso y gigantesco buque, el travieso *bambino* en la persona de su capitán, y el padre severo que quiso ser el comandante de la Región Marítima de Livorno, administrador de la reprimenda; y todo podía haber quedado en eso (más los daños materiales) si no fuera por la aparición de la hecatombe, que significa muchos muertos. En el *Costa Concordia*, desgraciadamente, los hubo.

Pero, por encima de todo, lo que más conmueve y alarma de este naufragio es que se produjo en una nave modernísima, dotada de los mejores sistemas de navegación electrónicos y medios de comunicación, y en aguas prácticamente metropolitanas, como si hubiera sucedido en la propia piscina. El buque disponía de las más caras y sofisticadas instalaciones de salvamento, y la tripulación había aprobado las homologaciones al respecto, verificado los cursillos prácticos preceptivos y estaban al corriente de sus permisos. Mas nada de esto fue suficiente para evitar una tragedia, como si dijéramos, en la propia puerta de casa: el islote de Giglio, al sureste de la napoleónica isla de Elba (de la que dista unos sesenta kilómetros), en el rincón septentrional del mar Tirreno, a ciento cincuenta kilómetros de Roma y algo menos de Livorno, ya en el mar de Liguria.

No sólo era eso: en nuestro mundo moderno, el último siniestro de un buque exclusivamente de pasajeros –no ferri– de gran tamaño databa casi del siglo anterior. Los grandísimos y sugerentes cruceros modernos de vacaciones, sencillamente, no se hundían, como los portaaviones nucleares estadounidenses o el inhundible *Titanic*. Puede que sufrieran incidentes antes o después, pero jamás comprometiendo su seguridad. El naufragio del *Costa Concordia* nos mostró –una vez más– cuán equivocados estábamos, y qué descarriladas iban las falsas seguridades publicitarias, así como la fría permisividad oficial, al no poder siquiera imaginar cómo evitar un caso semejante.

Frente a este quebranto de nuestra común confianza –o exceso de confianza– en este tipo de buques, lo que pudo hacer o dejar de hacer el capitán Schettino (cincuenta y dos años y capitán desde 2006) adquiere una relevancia secundaria, pues si él pudo no deseándolo (no siendo torpe ni inepto), cualquier otro más lerdo podría haberlo conseguido de la misma o peor forma. De hecho, lo que parece ser el quid de la cuestión en este caso no es lo que el capitán del *Costa Concordia* hizo, sino aquello que los condicionantes del armador, e inoportunos (pero inevitables) mecanismos de funcionamiento y reparto de de responsabilidades le impidieron hacer por su barco, su tripulación, y, sobre todo, para salvar la vida de la totalidad de pasajeros que iban a bordo, los cuales, pagando un agradable crucero invernal de vacaciones, recibieron en realidad una pesadilla digna de los peores tiempos de los albores de la navegación.

UNA EMBARRANCADA INEXPLICABLE

La línea C es una de las más señeras y respetadas de Italia. Hojeando un folleto publicitario de 1976, encuentro las «perlas de la corona» de entonces, los *Enrico C*, *Federico C* o el más veterano *Carla C* (ex *Flandre*) como sugerentes reclamos vacacionales para el cliente precisado de un largo, ameno y tranquilo descanso. Eran unos bonitos paquebotes de veinte mil toneladas estos de la segunda mitad del XX; combinaban en su diseño, de forma casi ejemplar, una línea armoniosa y a la vez airosa y bella, de formas redondeadas, volumen proporcionado y tamaño que, aun grande, les permitía ser manejables y pagar razonables derechos de puerto y atraque. Pero el tiempo puede con todo, y prácticamente ninguno de estos barcos llegó al nuevo milenio con menos de cuarenta años a cuestas, lo que significaba un inevitable e ignominioso desguace en alguna remota playa india o indonésica, confundidos los restos de sus otrora orgullosos costados con algún extraño monumento lleno de óxido dejado allí por algún escultor al azar, en la arena. Algunas modelos canarias ostentan aún en su «book», como fondo de segundo plano, las fotos de uno de ellos, el hermoso transatlántico *América* construido antes de la Segunda Guerra Mundial, el cual, tras cincuenta y cinco años de servicio, marchaba remolcado hacia Tailandia para convertirse en hotel de lujo en Pukhet cuando algo falló con los remolques y el buque fue a varar en la playa de Garcey o Jandía, de Fuerteventura, en 1994. Trece años después, sólo quedaba de él la mitad de proa, aún con las anclas en los escobenes, las grúas de cabrestante y la desafiante chimenea tipo *United States*.

En fin, pasaron esos días y sólo unos pocos, muy poquitos, de los paquebotes «normales» pudieron ser reciclados para seguir navegando en el nuevo milenio. El problema es de suponer: no eran rentables, pues carecían de la suficiente capacidad de pasajeros, y sus aparatos motores resultaban anticuados. En el puerto de Málaga, en 2002, pude ver uno de los últimos, realmente hermoso, el *Albatros*, hoy seguramente desguazado. Los armadores querían más capacidad. Si la rentabilidad del petrolero estriba en llevar mucho petróleo en un sólo buque, la del crucero de vacaciones parecía estar en cargar cuanto más pasajeros, mejor. De los dos mil se pasó a los cuatro mil por barco, y como el único sitio donde meter a toda aquella buena gente no podía ser delante, ni atrás (ya eran suficientemente largos), ni tampoco hacia abajo –el calado comenzaba a ser preocupante– a los ingenieros navales se les ocurrió «crecer» hacia el único sitio posible, es decir: hacia arriba. Los engendros resultantes de tan ingeniosa solución eran algo que los profanos habrían calificado de «chocante», los apasionados a los barcos de «hotel flotante reconcentrado», los aficionados a la literatura de «leviatán» y algún viejo lobo de mar como «un inmenso catafalco con forma de supositorio y estética de Ferrari». El que suscribe, después de dar un par de vueltas junto a uno de ellos –el *Celebrity Eclipse*– en el puerto de Vigo con un pequeño velero, llegó al fin a la conclusión de lo que parecía: una enorme barcaza con un bloque de pisos encima de ella. Aparte de calificativos, lo más notable de los modernos cruceros de vacaciones es que son barcos por definición, aunque cuesta reconocerlos como tales.

Por si algo les faltara, en la azotea de los quince o más pisos habituales suelen montar un completo «parque de atracciones», con piscinas, toboganes, jardines acuáticos y demás parafernalia ferial, para esparcimiento y deleite del pasajero pero también para total y absoluto desconcierto del vital par adrizante, que, a la vista de semejantes estafermos, optará –suponemos– por una más que razonable depresión. Aparte, en su interior albergan un completo spa, con todas las variedades del placer líquido y *masajístico*, y, para los ratos de paseo, incorporan un completo centro comercial en sus entrañas. Hasta tal punto resultan completos de todo recurso contra el aburrimiento que el cliente, literalmente, carece de tiempo para él mismo, así como de capacidad para escapar fácilmente de toda este feria cuando las cosas se ponen feas. Sin embargo, y sin dudar de la bondad de los cálculos de estos productos de la ingeniería naval «creativa», la impresión del discreto ojo marinero no puede evitar contemplarlos como inevitables salidas de madre, y se aconseja no guardar en los archivos folletos de su imagen para consultar con nostalgia en la vejez so pena de arriesgarse a un fulminante soplo al corazón.

Así era el *Costa Concordia* y lo son todos sus primos y hermanos: una colosal atrocidad náutica muy viable perpetrada para mejor rentabilidad y satisfacción del armador y el banco propietario. Sin duda que una opinión bien diferente a la nuestra sostendrán sus oficiales y tripulación, los cuales, siempre orgullosos de la nave que les lleva, nos pondrían rápidamente al corriente de su magnífica planta propulsora (diésel) el número de generadores, las hélices de proa y popa, algunos con el sistema «pod», y las aletas estabilizadoras, aparte de arsenal electrónico-informático del que formará parte el piloto automático y el AIS, que acabó por señalar, conspicuo, al *Concordia* volcado sobre la costa de Giglio. Puede que,

El impresionante megacrucero o *funcruiser* (crucero de vacaciones) *Costa Concordia* por la amura de babor. El gigantismo de estos barcos, muy alejado de la estética clásica, sólo responde a su desproporcionada pretensión de albergar confortablemente –y divertir de forma inagotable– a casi cuatro mil pasajeros para alcanzar una saneada rentabilidad, siempre que pequeños islotes no se interpongan en la ruta.

cuando las cosas se pongan feas, les cueste reconocer las ansiedades que sus «angelitos» les producen, la falta de capacidad evolutiva, el efecto del viento sobre una superficie tan alta, y la inercia imparable de una mole ciega como esta. La línea C, de hecho, posee una vasta flota con catorce de estos ejemplares, de los que empezó a dotarse en los años noventa con los magníficos *Marina, Allegra, Clásica* y *Romántica*, este último reformado luego y rebautizado *neoRomántica*. De cómo mudan los tiempos dará una idea el hecho de que hoy, con Carnival Cruisers en el accionariado de Costa Cruceros, los habituales clientes echen de menos el clasicismo latino y la atención personalizada a bordo de estos cuatro nuevos buques, impronta de la naviera que fuera fundada en 1854 por el *signore* Giacomo Costa para dedicarse al transporte de aceite de oliva.

Porque el siglo XXI trajo la desalmada ruindad del mercado, la masificación de los pasajeros y la conversión de la Línea C de la exclusiva a la vulgaridad del marketing ramplón a bordo de tres nuevos «engendros», los *Atlántica, Tropicale* y *Europa* (los dos últimos absorbidos a la competencia). El gigantismo del *Queen Mary II,* de ciento cincuenta mil toneladas, alcanzó a la línea C con los *Costa Fortuna* y *Costa Mágica* de ciento cinco mil cada uno, datables de 2003 y 2004 respectivamente, así que, ya en ello, nada tuvo de particular alcanzar las ciento quince mil toneladas con los *Concordia* y *Serena* de 2006 y 2007, el primero ya señalado por la tragedia, como atraído por el misterioso bajo de la restinga de Giglio que puso fin a sus singladuras.

El *Costa Concordia* fue diseñado por un especialista en la materia, el estadounidense Joe Farcus, y construido en los astilleros Finncantieri de Génova. Con casi trescientos metros de eslora, y nueve de calado, tenía seis unidades de generadores Diesel-Wärtsila de cien mil caballos de potencia para producir energía que dos motores eléctricos aprovechaban para propulsarlo a menor velocidad que la del *Andrea Doria,* veintitrés nudos. Pero frente a las diez cubiertas de este último, el *Costa Concordia* podía presumir de diecisiete, casi el doble. En su interior, la Vanity Fair podía recrearse con ambientes Art Noveau, barrocos o inspirados en la obra del genial Gaudí. Dotado de parques temáticos y el completísimo *spa* habitual, disponía para sus huéspedes nada menos que de mil quinientos camarotes. Su madrina –no se entusiasmen– fue la modelo Eva Herzigova, habitual también de las tallas grandes; cuando tan felices todos se las prometían, la bella tiró la tradicional botella contra la descomunal proa y ¡no se rompió! Mal fario, como bien saben los supersticiosos. En efecto, sólo hubo que esperar dos años para verle organizar la parda en el puerto de Palermo; una racha de viento lo desplazó de su amarre, y, flotando al albur, el angelito se cargó media estación portuaria, dañándose la banda de estribor. Ni que decir tiene, el crucero no se suspendió por tan banal motivo, pues cuenta de explotación obliga; los desperfectos se parchearon sobre la marcha, siguiendo viaje. Así, poco a poco, y sin cesar, fue haciéndose un hueco entre la manada, frecuentando los puertos de Mediterráneo e incluso las Canarias, donde con especial predilección se le recuerda en Santa Cruz de Tenerife.

La isla de Giglio con su pequeño puertecito, en cuya proximidad vino a morir, por verdadera suerte y casualidad —acostándose sobre su banda de estribor– el *Costa Concordia* tras haber pasado en forma previa e inexplicable por el saliente de la punta de Castellari, isla Escole, que rasgó su obra viva lo suficiente para echarlo a pique. Aunque diera tiempo a evacuar a casi toda la tripulación y el pasaje, hubo treinta y cuatro muertos.

Para la que sería su última operación, el crucero de vacaciones embarcó casi tres mil doscientos pasajeros en Savona y Civitavecchia, que habría debido llevar de vacaciones navideñas a Génova, Sicilia, Cerdeña, Mallorca, Barcelona, Marsella y vuelta a Italia. Lo cierto es que si el *Costa Concordia*, navegando inicialmente de Civitavecchia a Génova, hubiera afrontado una derrota «prudente» –que es a la que todo capitán con casi diez metros de calado bajo sus pies tiende inevitablemente en las azules pero traicioneras aguas mediterráneas– habría pasado aquella noche fría las islas de Giglio, Pianosa, Elba y Capraia por estribor, enseñándoles su amable luz verde, dejando para la *sinistra*, únicamente, la aislada Montecristo, donde aún velará el literario espectro de don Edmundo Dantés. Pero, como señalaron desde la naviera con posterioridad al accidente: «No trasladamos pasajeros, hacemos viajes de vacaciones»; lo que no precisó esta garganta profunda fueron los riesgos que estaban dispuestos a asumir.

En realidad, dejar por estribor tan sólo Elba y Capraia, enseñando el fanal rojo al resto, resultó un riesgo excesivo, tal vez no tanto por las aguas hondables entre ellas, sino por empeñarse también en acercarse para saludar, famosa reverencia conocida con el nombre de «Inchino», que se revelaría extemporánea y no de muy buena práctica para paquidermos vacacionales como el que nos ocupa. Pero lo cierto era que ya se había hecho antes. Resulta difícil creer la versión «extraoficial» de que Schettino, saltándose la derrota prevista, se acercara a menos de quinientos metros de la costa de Giglio para que su *maitre* de confianza, natural de la isla, saludara a la familia; si fue así, desde luego, no habría manjar del complacido que pudiera compensar desastre como el que iba a producirse. Pero los italianos ya se sabe, a la hora del lucimiento pueden resultar incorregibles. Otra cuestión es que las autoridades marítimas conocieran estas frivolidades y las tuvieran consentidas y autorizadas, porque, claro ¿quién iba a pensar?

El caso es que, disponiendo de la derrota del *Costa Concordia* que quedó grabada en el AIS (difundida por internet), podemos ver cómo el enorme barco se acercó a Giglio trazando un rumbo convexo que le aproximaba peligrosamente, a 15,5 nudos de velocidad, a un saliente de la isla de Giglio conocido como punta de Castellari, frente a la cual velan escollos llamados la isla Escole. Nada tenía de malo, en efecto, navegar por aguas hondables para un saludito a la *mamma*, pero al oficial de derrota le costará explicar cómo se pudo trazar esta variación del rumbo previsto a través de una roca bien señalada. Hasta ahora, nadie ha podido dar una explicación convincente. En mala hora, podemos ver cómo el *Costa Concordia* trata de abrirse por allí camino, golpeando con el fondo por el lado de babor y haciéndose una brecha de cuarenta y ocho metros de larga que resultaría mortal. La velocidad cayó espectacularmente, a 4,4 nudos, lo que da idea de la magnitud del impacto. Puede que el navío aceptara entonces su suerte, pero no sin llevarse muestra del arma de su asesino, una piedra de buen tamaño clavada en la aparadura que buen papel habría hecho en escollera, aunque de nula utilidad en un crucero de vacaciones.

Eran casi las diez de la noche, el agua estaba a quince grados centígrados y había marejadilla. Algunos pasajeros disfrutaban en el auditorio del buque de un espectáculo de variedades, desconocedores de que, en el exterior, iba a dar comienzo la atracción más emocionante que nunca se hubiera organizado a bordo. Los pasajeros notaron perfectamente el choque y el arrastre posterior, pero o bien se les dio una explicación peregrina o se les dijo que «todo estaba controlado». Con bastante buen sentido, y sin fiarse de nadie, fueron saliendo de los camarotes, levantándose de las mesas y preparándose por si acaso, e incluso alguno, barruntando lo que se cocía, llamó al teléfono de emergencias 112 italiano, que de esta forma recibió primera noticia del incidente. Entretanto, en el puente de mando sucedían cosas que sólo los allí presentes conocen, conjeturándose ridículas versiones como que Schettino se equivocó por no llevar puestas las gafas o que tenía su atención desviada hacia cierta atractiva amiga moldava, que luego le defendería con escasa fortuna. Cinco minutos después del accidente ya debía de tener gente informando abajo: el *Costa Concordia*, dividido en varios compartimentos estancos, podría seguir flotando con dos de ellos inundados, pero no con tres o cuatro, como parece ser era el caso, muy similar en esto al *Titanic*. Estaba, pues, sentenciado. La inundación afectó a las salas de máquinas, en concreto, los cuartos de generadores; al llegar el agua a los cuadros de maniobra, el buque no tardaría en quedarse sin luz.

El vídeo filmado en el puente de mando muestra un capitán que, lejos de hacerse rápidamente cargo como Smith en el *Titanic,* entra en lo que se llama «fase de negación», sin poder dar crédito a lo que ha sucedido; aún no había mostrado iniciativa alguna cuando entró como un cañón por VHF nada menos que Gregorio Di Falco, comandante de la capitanía marítima de Livorno a la que incumbía el caso, preguntando qué había sucedido. Recibió la rápida evasiva de que «sólo era un apagón», pues Schettino debía estar pidiendo instrucciones a los armadores, y, como bien se ha dicho después, en ese momento dejó de ser el capitán, perdiendo el mando del buque. Este, llevado de su inercia, había seguido navegando más de cuatrocientos metros hasta detenerse finalmente, encendiéndose las luces de emergencia. Se trató de tranquilizar a los pasajeros diciéndoles que había un «fallo eléctrico», pero no se les mandó congregarse en la cubierta de botes; sin duda, alguien en el puente valoró que, previsto el primer simulacro de abandono del buque para el día siguiente –sólo llevaban cuatro horas de navegación–, la mayor parte de los pasajeros no sabría a dónde ir.

Para entonces, llegó la lancha G-104 de la Guardia de Finanzas al costado del buque, y Schettino debió de convencerse de que no podía esperar más, emitiendo una señal de alarma. Sin embargo, con la precipitación del momento, la llamada selectiva digital no precisaba *grounding* ('embarrancada'), por lo que Livorno tuvo que volver a llamar y al fin, a las 22:45, Di Falco se enteró de que habían tocado fondo, aunque, como le aclararon luego, «seguían navegando». El comandante, ya bastante mosqueado, preguntó si querían activar una emergencia, y por fin, más de una hora después de la colisión, el *Costa Concordia* respondía afirmativamente y su capitán daba orden de evacuación. Mucho se ha conjeturado sobre lo que hizo Schettino durante esta hora crucial, informando los de máquinas que, cuando solicitaban instrucciones al puente, se les decía que el capitán no podía atenderles porque estaba al teléfono.

Los pasajeros, viendo confirmado lo peor, se fueron congregando en corredores, pasillos y cubiertas, limitándose a esperar, pues nadie les informaba. Los testimonios acerca del comportamiento de la tripulación de servicio no fueron muy halagüeños para la compañía. El *Costa Concordia*, evidentemente, había virado, deteniéndose, y luego se dirigió hacia tierra, impelido por un viento del NE de treinta y siete kilómetros por hora sobre la banda de babor que lo reviró, poniéndolo proa al sur, y resultaría providencial, pues la peculiar carencia de mamparos longitudinales de estos elefantiásicos barcos barcaza, y su altura de «vela», ofreciendo una gran superficie al viento, hizo que este último lo adrizara y el agua circulara a la otra banda, la de estribor, mientras el buque derivaba a la nada despreciable velocidad de un nudo. Ahora el peligro, evidentemente, era volcar a estribor por la enorme carena líquida que se estaba formando en su vientre.

Más que pánico, lo que debió de desatarse a bordo fue sorpresa y simple estupefacción. La escora permitió poner en el agua los botes del lado de estribor sobre las 23:00 horas, aproximadamente. Sin embargo, cuando se quiso hacer lo mismo con los de babor, resultó que el barco, escorado más de veinte grados, ya no lo permitía. Siguió derivando, conteniendo todos la respiración, y acabó por volver a tocar fondo y zozobrar despacio, pero cuan largo era –trescientos metros– frente a la punta Gabbianara, a poco más de una eslora del puertecillo, apenas un abrigo, de la isla de Giglio (Aegilium), donde algún trasnochador de medianoche debió de contemplar estupefacto cómo aquel monstruo parecía dirigirse a puerto igual que una ballena pretendiendo meterse en una caja de zapatos, tranquilizándose al verle largar las anclas. La evacuación tuvo que llevarse a cabo por el costado que quedaba al aire, en una larga y escabrosa ruta, por medio de cabos y escaleras, o dejándose caer por el otro lado mientras la sombra del buque escorando cerniéndose sobre el agua parecía ir a aplastarle a uno. No tiene nada de extraño que, en tan confusa e imprevisible situación, casi setenta pasajeros resultaran heridos, y, lo que es peor, que treinta y cuatro quedaran encerrados en sus camarotes o aprisionados de cualquier forma, perdiendo la vida.

Sin embargo, el salvamento, que con tan malos presagios se había iniciado, fue discurriendo por cauces razonables aunque ciertamente incómodos. A pesar del frío, la mar estaba en calma, y numerosas y diligentes embarcaciones pudieron acudir desde el cercano puerto. Un helicóptero dotado de rayos infrarrojos fue mandado en busca del barco en peligro, y la cámara nocturna mostró dramáticamente las largas hileras de pasajeros desplazándose a lo largo del costado de babor del buque, que quedó sobre las aguas, pero del que había que descolgarse para llegar a los botes. Finalmente, más de cuatro mil quinientas personas, pasajeros y tripulantes, conseguirían ponerse a salvo. A las 00:42, Di Falco, lógicamente preocupado por tan delicada operación con tanta gente, volvió a solicitar información, descubriendo que, para su sorpresa, Schettino, con su primer oficial Ckristidis y la segunda Coronica, no estaban a bordo, sino en un bote; colmada su paciencia, le pegó la bronca luego famosa mediáticamente. Otros testigos declararon haber visto al capitán sobre un peñasco de la costa. Lo que se puede afirmar casi con toda seguridad es que no sería el último en abandonar su buque, pues se le detuvo en puerto, a las 02:53.

Para esa hora, lo peor de la evacuación se había completado, y el *Costa Concordia*, sólidamente aferrado a la «repisa» de la que nunca más se movería –para decepción de los paparazzi, que esperaban verlo caer a «la fosa»–, había terminado su periplo sobre la rocosa costa de Giglio. A las 03:05 se descubrió, con gran consternación, el cadáver de la primera víctima, y, durante los días siguientes, conforme los buzos fueron accediendo al interior, se encontraron muchos más, quedando una decena de desaparecidos, lo que mostró el verdadero tinte dramático de la tragedia. A las 04:46 se daba finalmente la operación por terminada. Para entonces, los teletipos velaban armas para la ejecución mediática del capitán Schettino a primera hora del alba, al que se acusó de indigno, cobarde, incompetente y otras lindezas, y el que fuera su barco reposaba, con su enorme volumen, casi abarloado a la isla de Giglio, como si no hubiera deseado otra cosa, en su corta vida, que venir a morir en casa. El estropicio se había consumado.

PRESENTE Y FUTURO DE LOS «MEGAS»

Si nos tomáramos la molestia de colocar todos los buques de Costa Crucero en fila, uno detrás de otro, descubriríamos que estos modernos paquebotes ocupan dos millas y media, a un coste total de cinco mil quinientos millones de euros, de los que cuatrocientos cincuenta corresponden al pobre *Costa Concordia*, apenas un doce por ciento, sobre cuyo destino final nadie se muestra optimista. No terminará en una playa indonesia para su desguace, pero la puesta en servicio parece lejana, pues con su lamentable fama, y disponiendo Costa de nuevos cruceros como el *Costa Deliziosa* o el *Costa Fascinosa*, más modernos, probablemente ya no hace ninguna falta. Durante el año 2013 se le vaciaron los depósitos de combustible y, tras diversos trasvases de peso, se le adrizó con potentes grúas. Finalmente, entre junio y julio de 2014, el buque ha sido puesto a flote mediante dos enormes pontones flotantes construidos a cada banda, y el mastodóntico trimarán ha abandonado la isla de Giglio trasladado por potentes remolcadores rumbo a Génova, donde el Concordia será finalmente desguazado. Todo al módico precio de mil millones de euros.

Por lo que respecta al capitán Schettino, tendrá que responder de las acusaciones de homicidio involuntario, naufragio, abandono prematuro de la embarcación y omisión de rescate. Resumiendo para los legos en litigios, tres son las acusaciones que el capitán del *Costa Concordia* no ha conseguido explicar satisfactoriamente: el clamoroso error de navegación en que incurrió llevando su buque a destrozarse contra un bajo, qué estuvo haciendo durante la hora en que él y su tripulación tendrían que haberse hecho cargo de los daños, dar la alarma claramente y organizar la completa evacuación del buque, y qué hacía fuera de su barco cuando la evacuación aún no había terminado. Por lo aprendido en otros casos similares, probablemente no lleguemos a disponer de una aproximación a la verdad hasta dentro de unos años, cuando el veredicto del jurado, nuevos datos y el testimonio público del propio Schettino y sus oficiales, una vez despojados de sus cargos, títulos y responsabilidad, aporten algún indicio significativo. Dos son, sin embargo, las lecciones que a priori aporta este siniestro: la primera que si, al acercarse a tierra, se hubiera hecho a velocidad moderada, los daños habrían sido menores; puede que, a pesar del error de navegación, el barco se hubiera salvado, como mostró su noble comportamiento al inundarse. La segunda, que los simulacros de abandono del buque deben hacerse siempre *antes* de zarpar, lo que se incluirá en una nueva ley.

Por curioso que pueda parecer, el accidente no ha causado ningún trauma en el mercado de los cruceros de vacaciones; antes bien, y para satisfacción de sus gestores, las reservas han registrado un incremento del doce por ciento. Pero los dirigentes de Costa Cruceros no andarán descaminados si consideran 2012 como un *annus horribilis*, pues poco más de un mes después del siniestro del *Costa Concordia*, el 27 de febrero, un veterano de la compañía, el *Costa Allegra*, se incendió y quedó a la deriva en el océano Indico, a doscientas millas de las islas Seychelles, donde tuvo que ir en su ayuda el pesquero francés *Trevignon* que lo remolcó a Mahé.

Transcendió entonces que este crucero era en principio un portacontenedores modificado, y que suele contar con adicta clientela española. Huyendo de afirmaciones dogmáticas que sólo introducirían mayor confusión, estos accidentes –a los que tal vez tengamos que habituarnos– nos plantean también dos cuestiones: si no se ha abusado del gigantismo y la ingeniería, confiando en exceso en la moderna instrumentalización electrónica y posicionamiento global para llevar de vacaciones enormes cargamentos de personas a bordo de barcos que aprueban todas las inspecciones y reglamentos, pero que, según las condiciones, pueden tornarse difíciles y peligrosos de manejo o más fácilmente siniestrables de lo que se cree; y hasta qué punto los modernos protocolos de gestión empresarial, a través de potentes sistemas de comunicaciones, llegan a interferir en la operación, manejo y actuación en situaciones de emergencia de este tipo de barcos, llegando a deteriorarlas al confundir a los mandos a flote, y originar víctimas que podían haberse salvado.

Epílogo

Antes de que sucediera el accidente del *Titanic,* alguien tuvo el presagio de lo que podía suceder. La sensación que queda tras repasar las páginas de este libro, o el accidente absurdo del *Costa Concordia,* es que un día podemos vernos, consternados, ante el holocausto de un crucero de vacaciones con varios miles de víctimas. La reciente pérdida del ferri surcoreano *Sewol* nos pone de nuevo ante la realidad de un accidente con centenares de víctimas no tan distinto, aparentemente, al ocurrido con el *Estonia:* el ferri navegaba de Inchon a la isla de Jeju sobrecargado, cuando un desplazamiento de carga provocó una escora incontrolable que lo hizo zozobrar, con cientos de estudiantes a bordo. Las escenas grabadas por estos últimos en sus teléfonos móviles han estremecido al mundo.

No se olvide que, si el viento no hubiera arrastrado el *Costa Concordia* a su lecho de muerte sobre la costa de Giglio, podía haberse tenido que lamentar un número de víctimas superior al del *Titanic.* Aunque a diario las tripulaciones de cientos de ferris y decenas de megacruceros demuestran, en todos los mares del mundo, su magnífica cualificación, el peligro siempre está ahí con barcos que, como estos, representan un peligro superior al resto, en el primer caso, por su falta de compartimentación y posibles puntos débiles creados por las proas y popas abatibles y accesibles, o por el tremendo tamaño en el segundo, que los convierte en unidades muy vulnerables y difíciles de manejar. Reconocer con humildad estas condiciones, actualizar y trabajar de continuo sobre homologaciones y normativas y no descuidar nunca los procedimientos de seguridad es algo, por muy avanzados que sean nuestros sistemas de navegación y comunicaciones, tan imprescindible hoy como cuando se perdió el *Titanic*.

Pero no todo es malo en lo que se refiere a los siniestros navales; precisamente este trabajo continuo incidiendo sobre la seguridad y la normativa ha permitido que, en el cuarto de siglo que media entre los grandes accidentes de petroleros y la actualidad, este tráfico se efectúe actualmente con unidades muy seguras y que, tras el lamentable accidente del *Prestige,* los VLCC de primera generación que quedaban navegando hayan sido definitivamente retirados, lo que representa un enorme alivio no sólo para el tráfico marítimo sino, especialmente, para la conservación medioambiental. Algo parecido, aunque en tema bien diferente, sucede con los buques de guerra: al ser ya muy raros los conflictos con este tipo de barcos –el último, también en Corea, donde una corbeta torpedeada (*Cheonan)* ya ha sido extraída del fondo del mar–, cumplen con sus funciones terminando sus vidas como cualquier otro residuo peligroso. Mucho menos romántico y épico que en otras épocas, pero, sin duda alguna, también incruento y, especialmente, seguro. Decir que en los siniestros navales no hemos mejorado en cien años –del *Titanic* al *Costa Concordia*–, sencillamente, es no decir la verdad. Pero eso no significa que haya que conformarse, bajar la guardia o darse por satisfechos con los nuevos y magníficos inventos que, sin duda alguna, la ciencia y la técnica traerán este nuevo milenio a la navegación.

Bibliografía y fuentes

BALLARD, Robert D. *The Discovery of the Bismarck*. Toronto: Warner-Madison Press Book, 1990.

BARCELÓ-FORTUNY, Jose María. *Historia y estela del crucero* Canarias. Madrid: Almena Ediciones, 2004.

BUTLER, David. *Lusitania: a ship and a story never to be forgotten*. Londres: Macdonald y Co., 1982.

CERVERA PERY, José. *La guerra naval española (1936-1939)*. Madrid: Editorial San Martín, 1988.

CHICHESTER, Francis. *Siguiendo la ruta de los clíperes*. Barcelona: Editorial Juventud, 1994.

DE LA ROCHA MILLE, Ramón. *150.000 millas a bordo del* Canarias. En *Revista de Defensa*, 2002; Año XXV; n.º 291-292.

De La Sierra, Luis. *El mar en la Gran Guerra (1914-1918)*. Barcelona: Editorial Juventud, 1984.

—, *Corsarios alemanes en la Segunda Guerra Mundial*. Barcelona: Editorial Juventud, 1976.

—, *La guerra naval en el Atlántico*. Barcelona: Editorial Juventud, 1974.

«El Hundimiento del KdF Wilhelm Gustloff». Disponible en: Exordio, La Segunda Guerra Mundial (1939-1945). www.exordio.com/1939-1945/civilis/vdomestica/gustloff.html

«El hundimiento del Andrea Doria». En: *Enciclopedia de Navíos y Veleros*. Barcelona: Planeta de Agostini, 1993; fascículo n.º 33.

Fullana, Jeroni; Connolly, Eduardo; Cota, Daniel. *El Crucero Baleares*. Palma de Mallorca: Lleonard Muntaner, 2000.

García Echegoyen, Fernando José. *Los grandes naufragios españoles*. Barcelona: Alba Editorial, 1998.

García Novell, Francisco. *Naufragio*. Madrid: La Esfera de los Libros, 2009.

González Echegaray, Rafael. *La marina mercante y el tráfico marítimo*. Madrid: Editorial San Martín, 1977.

Hacquebord, H. *Buques escuela de vela*. Madrid: Editorial San Martín, 1970.

Hoffer, William. *Salvados*. Javier Vergara Editor, 1980.

Jar Torre, Luis. «Tres Titanes Gafados». En: *Revista General de Marina*, mayo de 1998.

—, «Un negro asunto». En: *Revista General de Marina*, mayo de 1999.

—, «La catástrofe que tenía que ocurrir». En: *Revista General de Marina*, mayo de 2008.

«La Doña Paz Fire Ship». Disponible en: www.iklimnet.com/hotelfires/ship_fire_case1.html

«Crucero de Batalla Hood». En: *Enciclopedia de La Marina.* Barcelona: Editorial Delta, 1984; Fascículo n.º 55.

«Los Cruceros de la Clase County». En: *Enciclopedia de La Marina.* Barcelona: Editorial Delta, 1984; Fascículo n.º 56.

Le Goff, Olivier. *Les Plus Beaux Paquebots du Monde.* París: Solar Mer, 1998.

Lord, Walter. *A Night to Remenber (Una Noche que Jamás se Olvidará).* Nueva York: Henry Holt y Co., 1955.

Maddocks, Melvin. *The Great Liners (Los Grandes Transatlánticos).* Barcelona: Ediciones Folio, 1996.

Martín López, José. *Cruceros.* Madrid: Editorial San Martín, 1976.

Morales Mariño, Rafael. *El Cap Arcona, del Glamour al Holocausto,* Revista General De Marina, Octubre 2011.

Mostert, Noël. *Superbarco.* Barcelona: Ediciones Nauta, 1975.

Muller, Edwin. «Los últimos días del Bismarck». En: Selecciones del *Reader's Digest, Harper´s Magazine,* 1954.

Noxon, Nicholas. *Los secretos del Titanic.* Washington: National Geographic Society, 1986.

Paz Durán, José Luis. *28 Meses a Bordo del Canarias (1936-1939).* La Coruña: Ediciós Do Castro, 1991.

Pita, Elena. *El Titanic del Báltico.* En: El Mundo 7 Días, 02/10/94.

Prieto, Daniel. *Submarino S-13*. En: Telecable.

«Peores desastres de ferry en Filipinas». En: Agencia Reuters. *On-line.*

Sarmiento, Lorenzo. *Temporales y Naufragios.* Barcelona: Editorial Juventud, 1999.

Simpson, Colin. *The Truth About the Lusitania (La Verdad Acerca del Lusitania).* Ed. Del Reader´s Digest, 1973.

Sulpicio Lines Inc. Web de información publicitaria y empresarial.

Torquemada, Blanca. «Las Odiseas del Petróleo». En: Suplemento ABC, 2002; 15 de diciembre.

Von Müllenheim-Rechberg, Burkard. *El Acorazado Bismarck.* Barcelona: Editorial Juventud, 1982.

Watts, Anthony. *Axis Submarines.* Londres: Macdonald and Jane's, 1977.

Made in the USA
Monee, IL
18 October 2026

66048467R00142